ゲノムが語る生命

中村桂子
Nakamura Keiko

a pilot of wisdom

ゲノムが語る生命

――新しい知の創出

目次

はじめに　「生きる」――生きものとしての人間

生命を中心にして考える

人間も生きものの一つであるという当たり前のことを基本に、「生きているってどういうこと」という、これも誰もがもつ問いを問い続けながら、納得のいく暮らし方を考える。私の関心をひと言で表わすとこうなります。

人間、生きもの、生きていること、暮らし方。

なんとも平凡なことですが、今の時代、これがとても大事だという気がしています。というのも、この当たり前が、あまり当たり前でなくなっており、そのために毎日の暮らしがちょっと息苦しいというのが実感だからです。

朝、出勤前にラジオを聴いていると（ニュースと天気予報と交通情報が必要なので）、天気予報よりも頻繁に為替と株価が放送されます。私にはそれほど関係がないと聞き流せばよいのですが、金融経済の中で生きているのだなあと実感します。関係がないと言っても、実はそうも言っていられません。私が応援している農業を始めた若者の年収が、金融関係の仕事をしている人に比べてあまりにも少ないという現実に触れたり、とにかくお金が大事と言う若い人たちの話を聞いたりするとき、こういう経済システムは、私が今考えていること、こんな暮らしをしたいと思っていることとは合わないなあと思うのです。

さらには、私がこれまで過ごしてきた生命科学研究の世界も、いまや研究成果を科学技術として活用し、薬の開発などにつなげて経済の活性化に役立たせることが最大の目標のようになりつつあり、しかもそこでの経済とは、まさに金融経済であることを考えると、「人間は生きものです」ではなく、「人体は株価を上げる宝の入ったお蔵です」ということが当たり前になりかねないという気がするのです。

もちろん、経済も科学技術も人間の活動の一つとして大事なものであることは認めます。でも「命あっての物種」という言葉があるように、一番の基本は〝生命〟。そのうえで、科学技術も経済も動かすという逆の発想をした方が、暮らしやすい社会になるのではないかと思えてしかたがありません。

この考え方で、どのような新しい見方や暮らし方を生み出せるか、はっきりとはわかりませんが、とにかくできるだけのことを考えてみたいのです。

七つの動詞をキーワードに

ここで、考えたいことをすべて動詞で表現すると、まず「生きる」。とにかく、これが基本です。

次が「変わる」。今の世の中、何かが変わらなければいけないと思っている方は多いのではないでしょうか。何がどう変わればよいのか。難しいけれど、「生きる」ということを基本に、「変わる」方向を考えます。

そして、「重ねる」。現代の社会は何でも分類し、分化しすぎたのではないでしょうか。学問も細分化されて、同じ生命科学でも少し離れた分野のことはわからなくなってしまいました。中学生のときに世界人権宣言に接し、その教育を受けた世代としては、人種や宗教や文化の違いはあっても人間の共通性を大事にするという考え方が身に染みついています。ところが最近は、違いを強調する方向に動いているような気がします。違うことはもちろん大事ですが、それを認めたうえでもう一度皆同じ、皆一つというように重ねて考えたらどうだろうというのが、ここで考えたいことです。

たとえば、「科学と社会」と言うけれど、これは科学者と一般の人は違うと決めつけるからこそ出てくる言葉です。科学者だって生活しているのですから、科学者と生活者などと分けずに、それを重ね合わせてひとりの人間として捉えればよいのではないかと思うのです。実は私は、自分の中で科学者と生活者を分けて考えることが辛くて、その解決を求めた結果、「生命誌研究館」という場を考えたのでした。さいわい多くの方の力で現実化でき、そこでの仕事の結果、日常の中での科学のあり方が見えてきました。

その後に、「考える」「耐える」「愛づる」「語る」と続きます。

一つひとつについては各章で読んでいただくとして、生命誌研究館という場を作って十年、「生きる」ということを基本にする社会で大事なことは何か、そのような社会を支える「知」はどんなものだろうと考えながら過ごしている中で生まれてきたことを並べたら、「生きる」「変わる」「重ねる」「考える」「耐える」「愛づる」「語る」になったのです。

といっても、これだけではおわかりにならないでしょう。とにかく読んでみてください。どこかに、今あなたがお考えになっていることと「重なる」部分があると思います。

いろいろな分野の人の考えが「重な」り、それが「生命」を基本にする方向を示すものになっていくことを願っています。今は、たった一つの分野、たったひとりの人の考えが新しいものを生むというより、多くの分野、多くの人の考え方の「重な」りが面白いものを作り出すときなのだと思います。生命誌研究館を一つの組織としてだけでなく新しい「知」として展開していく一歩としての本書です。生命誌とは何か、研究館とは何かは、追い追い、本書の中で語っていきます。

植物が感じている変化

毎日のニュースも、戦争、犯罪、災害から地域のできごとまで、「生きる」という切り口で見ると、通常とは違う見方ができます。

たとえば、本書を書いているとき（二〇〇四年夏、秋）の気候は、東京で真夏日が七十日にもなるという記録を作り、台風が小笠原沖で生まれ、スコールのような雨が降るなど、日本は熱帯になったのではないかしらというのが実感です。木の繁り方もこれまで体験したことのない密度でした。

実は、我が家の庭の松の木が異常に伸び、隣家の台所から富士山が見えなくなってしまいました。ここに住み始めて以来、何十年も富士山を見ながらお料理するのを楽しみにしてきたのに残念ですと隣家の方が嘆かれるので、植木屋さんに来てもらいました。真夏に伐るのは初めてです。

植物の育ち方、花の咲き方が、例年と違っています。植物が何か変化を感じて、それに対応し、生きていくために何かをやっているに違いありませんが、その原因はわかりません。しかし、たぶん植物だけに影響を与える変化ではないと思うのです。

これは少し長い変化の結果かもしれませんが、関東にはいないはずのクマゼミが神奈川県で見られるようになったと、昆虫採集をしている子どもたちの報告がありました。東京と大阪の間を往き来する生活をしていると、東京ではミンミンゼミ、大阪ではクマゼミの声が聞こえて、地域の違いを感じるのですが、しばらくすると、東京でもクマゼミのシャーシャーという声がうるさく聞こえるようになるかもしれません。

人間は温度や湿度が高くなったからといって急に育ったり、気候の変化で住む場所を変えたりはしませんし、カレンダーと時計で予定を組み、気候がどうであろうと、七月は七月、八月は八月として暮らしています。生きものとしての感覚ではおかしいと思い、残念ながらこれだけ発達したと言われる科学も、これに明快な答を出してはくれないのだと考え込みながら。

地球環境問題は生きものの問題

私の恩師（江上不二夫博士）が生命科学という新分野を立ち上げ、環境問題は生きものの問題であると意識して研究を始めたのは、一九七〇年代です。日本では、水俣病や四日市ぜんそくなど工業地帯で水や大気の汚染が大きな問題になり、東京など大都会でも、流れる川の水が汚れ、空気が匂うようになった頃です。知識としては、レイチェル・カーソンの『沈黙の春』を読んで、生きものの世界に変化が起きていることを知りました。

いまや環境問題を考えない人はいないでしょう。そして、最大の関心事は、おそらく局所的なことではなく、地球環境問題だろうと思います。

これに関しては若い人がとくに敏感です。将来地球が、心地よく暮らせないところになりそうな予感をもっているのでしょう。ただ私が気になるのは、環境問題の重要性を認識している人は多いのに、それを「生きる」という切り口から考えるべきことだと受け止めている人は意外に少ないということです。変化の原因を科学的に理解して、原因と結果の因果関係を調べたうえで、科学技術で解決しようというのが、地球環境問題に対する考え方の主流です。

地球の温暖化については論文がたくさん書かれ、国際会議も開かれて議論されていますが、温暖化が起きていることを科学的に示し、それが人間の行為の結果であることを証明するのは難しいことです。ボールを初速これだけでこの方向に投げたら、これだけ飛びますというのと同じ意味での科学的理解はできません。

人間がエネルギー獲得のために燃焼させた化石燃料から放出される二酸化炭素が温暖化の原因の一つであることは確かですが、この二つの間の関係は非常に複雑なシステムになっており、一対一の関係ではありません。

ところが、今の社会は、どんな問題でも、最もよい解決方法は、科学的理解をして科学技術で対処することだと思っています。七〇年代に生命科学が生まれ、生きものとしての視点からエネルギー多消費型の文明の見直しが必要であると提案してから三十年以上たちました。生命科学研究もかなり進歩しましたが、それを活用して問題解決へ向かったかというとそうではなく、事態はより深刻になっています。局所的な河川の水の汚れなどは見事に改善され、一度消えた魚が戻っていますが、地球という大きな対象については、基本を決めて国際的に対応する方向にはなっていません。

地球温暖化の原因が何であり、どう対処しなければいけないかということは、科学にこだわっている限りわからないのではないでしょうか。その一方で、どうも自分の身近な植物がおかしい、何か生きものにとっておかしいことが起きているのではないかという感覚は、おそらく多くの人の中にあると思います。この感覚を活かして、それを地球環境の問題にまで広げていくことができるはずです。科学と科学技術による対応でなく、生きものとしての人間の生き方の問題として考えなければいけないのです。

それは、たとえば食べものの作り方、食べ方、捨て方というような例に始まり、さまざまな日常生活を考え直すことなのです。それが価値観を変え、社会のあり方を変えていく。「生きる」を基本に置く価値観の社会は、人間が生きものであるという当たり前のことを、一人ひとりの日常の中で意識することによって生まれるものです。

生きものとしての感覚を養う

次の世代に納得のいく社会を渡したいと思うのは当然で、子どもの大切さは生きものの基本であるはずなのに、子どもたちが思いがけない事件を起こしたり、虐待されたりしています。命が大切だとは誰もが言いますが、それを大切にしているとは思えない事柄がたくさん起きています。そんな場合、必ず学校の制度がいけないのではないかとか、先生が管理を怠ったのではないかと非難されて、事件として扱ってしまいます。このような見方をすると、子どもの事件は決して増えてはいない、過去にも小学生による残忍な行為はあったという意見が出てきます。

子どもの事件という見方をしてそれを数量で分析したり、社会制度の問題として考えたりするのは、子どもを生きものとして見ていないからだと思うのです。子どもこそ、自然の一部として、つまり生きものとして生きなければ、一人前の大人になれないのに、そのような場を与えずに、科学技術が生み出した人工の世界に早くから取り込んでしまい、本来もっているはずの力を失わせています。とにかく、今というときを、「生きる」という視点で見ていこうというのが本書の立場です。

生命誌では、一つひとつの生きものは、長い生命の歴史、生命の流れの中に存在するものと捉えます。新しく生まれる一つひとつの個体が生きる過程は、自分の中に入っている生命の歴史を繙《ひもと》くことでもあるのです。人間以外の生きものは、ほとんどその歴史の中にはまり込んでいるのに対し、人間は文化をもち、育児にも新しい技術や新しい考え方が使われますが、子どもの体の中にある三十八億年の生命の歴史は他の生きものと変わりはなく、それを繙くところも同じであり、それを無視した文化はあり得ません。

科学技術文明の恐さは、これを無視しかねないことです。科学は人間にとって大事な知ですからそれをすべて否定するものではありません。けれども、育児、食事、教育などにもち込まれた科学は多くの場合暫くすると否定されることが少なくないのです。生きものを知るための素晴らしい力をもつ科学を踏まえながらも、あまりにも機械に頼り、欲望を肥大させすぎている今の科学技術文明とは違う価値観をもち込まないと、人類としての未来は明るくないのではないでしょうか。

健康ブーム、癒しなど、いかにも「生きる」を基本にしているように見える流行も、社会に受け入れられる基準の一つは、科学的ということです。ある成分が健康によいとわかったという触れ込みで、特定の食品が流行します。

最初にあげた地球環境と同じで、人体も複雑なものです。一つの原因で一つの結果が出るほど簡単ではありません。重要なのは全体のバランスであり、小さい頃に生きものとしての感覚を養い、その感覚による判断があったうえで、科学や技術を活かさなければ意味がありません。

この他にも、現代社会で問題とされることのほとんどは、「生命」、具体的には「生きる」ということを基本に置いて考えなければ答は出てこない、私はこう考えています。「生きる」について考えなさいという警告があちこちから出ているのだと思います。この警告を、それこそ生きものとしての能力を百パーセント活用して、よく聞き、よく見、よく触れながら考えていくことによって、次世代に生きることを大切にする社会を渡したいと思っています。

科学的に「わかる」、生きもの感覚で「わかる」

そこで、生命について考えるわけですが、生きものとの付き合いは長いのです。自動車もテレビも、近代になって、科学を基礎に生まれたものですから、それらを知るには、科学的知識が必要です。ところが、生きものは、人類がこの世に登場したときには、すべて地球上に存在しました。私たちが作ったわけではなく、すでにあったのです。つまり、一番古くから仲間として付き合っているのですから、生きもののことが一番よくわかっているはずです。

それなのに、ここへ来て、生命危機という状況になったのはなぜでしょう。「わかっているはずです」と言うときの「わかる」と、二十一世紀という現代社会の中で言う「わかる」とが、ずれているからではないでしょうか。

現代は、環境問題のところで触れたように、因果関係を理解したときの「わかる」という科学的理解に最高の価値を置いています。これは非常に客観的で論理的ですから、皆に共通する理解になるところが素晴らしく、それを利用した技術も普遍的なものとして生み出せます。私だけがわかったというのではなくて、大勢の人が共有できる理解をもとに語り合えるのですから、よいわかり方であることは事実です。ところが困ったことに、長い間付き合ってきた生きものについて科学でわかっていることは、まだまだとても少ないのが実情です。

近年、生物の研究が急速に進んでいることは確かです。その中でもとくに、地球上の生物すべてが細胞でできており、そこには必ずＤＮＡがあるという共通性がわかったことは、他に比べようのないほど生きものへの理解を深めました。その結果、今では、生きものは皆仲間であり、人間もその一つだということが普遍性をもつ知識となり、キリスト教文化のもつあまりにも人間中心の考え方に対して、新しい人間観を作り出しました。日本には古くからこのような考え方があったので、新しい人間観は、古来のそれと重なり合います。バクテリアに対してまで仲間意識があったかどうかはちょっと別として。

いずれにしても、ＤＮＡが明らかにした「わかる」は、私の日常感覚と一致するので、今では私の中で、バクテリアまで含めたすべての生きものは仲間であるという認識は、身に染みついています。こういう「わかる」を積み重ねていくと、自分の行動に安心感が生まれます。

ただ、生きものは複雑ですから、こういう幸せな理解ができる事柄は、まだそれほど多くはありません。現代人の多くは生きものとしての直観的理解に自信がなくなっているうえに、科学的理解の方が正しいという風潮があるので、わからないことを無理に科学的にわかったかのようにしてしまう傾向があるのは気になります。たとえば、「愛の遺伝子」というような言い方は好ましくありません。まず、愛の遺伝子と呼ぶにふさわしいものが見つかっているわけではないこと（雄が雌に関心をもたなくなるような遺伝子の変化はありますが、これを愛の遺伝子と呼ぶのは適切ではありません）、見つかっていないだけでなく、「愛」という複雑な感情を支配する一つの遺伝子はないと考えるのが妥当だからです。

さらに、各人にとって大事で、それぞれが自分の中で育てている愛を、遺伝子で理解しようとするところに間違った科学万能主義を感じます。愛については遺伝子のことなどわからなくたっていいんだという判断があってよいのではないでしょうか。

生命の危機から抜け出すために

大事なのは、生命についてすべてをわかることではなく、生命について考える、考え続けることです。生命が大切にされておらず、危機にあるからといって、生命とは何かを科学的に理解し、生命を思うように操作できる状態を作ることによってそれを乗り越えるのではなく、いつもいつも生命について考え続けることによって少しずつわかることを大事にして、危機から抜け出す道を探るほかないと思います。

二十一世紀は生命の時代だと言う声はよく聞かれます。しかしそれは、生命科学で生物の構造や機能を解明して、そこから新しい技術を作ることによって、産業を活性化し、欲望を満たそうという意味で語られているのです。本書も生命を基本には置きますが、そのような社会の主流の考え方とはずれています。生きものを理解しようとすればするほど、それは、因果関係でわかるということではなく、考え続けることが生きものへの親近感を生み、生命を大切にするとはどういうことかがわかってくることなのだと思えてきます。

科学的にわからないと行動が取れないということになると、地球や生物のようなものに対して、どう対応してよいか、わからなくなります。環境問題への対処はそれでは手遅れになるでしょう。もし、生きものとしての人間が生き生きと暮らす地球をイメージするのなら。

クローン胚を作るような生命科学に対しては、ガイドラインや法律を作るという対応をしていますが、それでも人びとは不安を感じています。科学にこだわっているために、不安が高まっているのではないでしょうか。生きものとしての感覚に自信のある状態の中で判断ができるようになれば、同じ技術でももっと安心できるはずです。生命についてより深く考えてから技術を使うのは、一見遠回りのようですが、いつまでも不安の中にいるよりはよい解決法のはずです。

まず、「生きているとはどういうことか」を考え、できればそこから「よく生きる」という課題にまで考えを広げていきたいと思っています。先行きは不透明だなどと言わずに、次の世代に自信をもってバトンタッチできる社会に向けての努力をすることが大事なのではないでしょうか。生命科学研究も社会も曲がり角にいるので、直線的に見ているだけでは見るべきものが見えません。視点を変えて先を見てみたいと思います。

第一章　変わる

——科学技術文明の見直し

生命誌とは何か

二十世紀は科学技術文明の時代でした。そしてそれはこれからも続こうとしています。しかし、「生命」を基本に置くと、このまま直線的に進むのは間違っていると思います。もちろん、科学や科学技術の役割を否定するものではありませんが、二十世紀型科学技術文明のもつ価値観は続かないでしょう。

十年前、「スーパーコンセプトとしての生命について考えたい。それが今の私の最大の関心であり、この本のテーマである」という書き出しの『自己創出する生命』を著しました。今読み直すと、スーパーコンセプトなどと気負った言葉を使っているのが気になりますが、生命を基本に置くしかないという気持ちはそのときより強くなっています。当時考えていたのが、生命科学から「生命誌」への移行です。生命科学は確かに生命の理解を唱えてはいますが、科学や科学技術が先にあり、それを進めるための一つの材料として生命体を扱っています。話は逆なのです。生命の理解が重要なのであり、そのためにはいろいろな方法がある。その一つとして科学を活用することでその構造と機能は解明できますが、それだけでは生命は捉えきれません。それどころか間違って捉えてしまう危険があります。生きものは、三十八億年ほど前に地球に誕生して以来、長い時間をかけて多様化してきた存在であり、その関係と歴史を調べる生命誌でなければ生命は語りきれないと思ったのでした。

生命誌とは何か。これについては、すでに『生命誌の扉をひらく』『生命誌の世界』などで説明していますので、それを読んでいただけるとありがたいと思いますが、基本だけまとめておきます。現代生物学は、地球上の生物はすべて細胞でできており、その中にあるＤＮＡという物質を基本にして生きているという共通点を明らかにしました。これは、生きものはすべて、三十八億年ほど前に生まれた祖先を共有する仲間であるということを意味します。もちろん人間（生物としてはヒトと言う）も、その中に入っています。

ところで、生命科学はＤＮＡを遺伝子という、最も小さな単位にまで還元して捉え、遺伝子のはたらきを基礎に生物の構造と機能を知れば、生きもののことは理解できると考えています。そうではないでしょう。生きものは全体として生きているのであり、「生きているってどういうこと」という素朴な問いに答えるには、もっと全体的な捉え方をしなければなりません。確かに、哲学や文学で「生きていること」を考えるときには全体として捉えていますが、科学を踏まえたうえで生きていることを全体として考えたい。それが生命誌の始まりでした。

さいわい、一九八〇年代の半ばに、細胞の中にあるＤＮＡのすべてを「ゲノム」として捉えるという見方が出てきました。ＤＮＡという生命科学が明らかにした物質を扱いながら、そのすべてをひとまとまりとして捉える。ＤＮＡから全体を見ることができる可能性が生まれたのです。今、あなたの体を作る細胞の中にあるゲノムは、両親から受け取ったものであり、両親それぞれのゲノムはまたその両親から受け取ったものです。こうしてたどっていくと、生命の起源にまでさかのぼります。つまり、すべての生物のゲノムの中には生命の起源から現在までの歴史が書き込まれているのです。それぞれの生物の歴史がそれぞれのゲノムに書かれていますので、ゲノムを比べれば、お互いの関係がわかります。ゲノムを通して、生命の歴史（流れ）と関係がわかる。これは生きていることを考える知の基礎になります。

ＤＮＡを遺伝子として見ると、面白いほどあらゆる生物の共通性が見えてきて、皆仲間ということがはっきりします。これがわかってくるときの面白さは格別です。そのうえで、やはり一つひとつの生きものの特徴を知りたい。なぜ基本的には同じ遺伝子を用いた組み合わせで、ゾウはゾウになり、アリはアリになるのか。それはゾウにはゾウのゲノムがあり、アリにはアリのゲノムがあるからです。こうして多様な生きものの姿が見えてきます。

日常生きものを見たときに気づく特徴は、多様、全体、関係、歴史などの性質です。それが科学が見出したゲノムという実体を通して見えてくるのですからちょっと興奮します。そこでこれを調べる知的作業を「生命科学」とは違う「生命誌」としたのです。誌は物語り、とくに歴史を意識した物語りという意味です。「生きているってどういうこと」という問いはとても日常的なものですし、多様、全体、関係、歴史という日常とつながる知としての生命誌は、私が求めている生命を大切にする社会につながることが期待できます。

十九世紀後半から二十世紀にかけて急速に進展してきた科学技術文明はそろそろ終わりにして、機械優先から生命優先の時代にしなければならないときに来ているという判断はこのようなところから生まれました。

以上、簡単にまとめた「生命誌」の考え方です。

人間も生きもの

生命誌研究館を始めてから約十年、多くの方が生命に関心をもち、それを基本にして次の時代を見据えたいと思っていると語り、生命誌への共感を示してくださる中で、私なりの研究や活動をしてきました。十年という時間は、何かひと区切りとなる長さのようです。今、またここで考えなければならないことが出てきました。考えるべきことはわかっているのですが、まだ答としてはまとまっていません。二十年前に生命誌を探していたときと同じように、次の段階へと動こうとしている気持ちをそのまま書き留めておきたいと思い、筆をとりました。

今、浮かび上がっていることの一つは、「人間」です。生命誌は、地球上に棲息するすべての生物は、同じ祖先から生まれた仲間であるというＤＮＡ研究を基礎にしています。地球上には五千万種とも言われる多種多様な生命体が存在し、それぞれがその特徴を活かして暮らしています。人間も、ヒトという生物としてこの世に存在しているわけで、その特徴を活かして文化・文明を築いてきたのですが、生きものの仲間であることを忘れてはなりません。生命を基本に考えようとすれば、人間についても、その特殊性よりも他の生物との共通性に注目することになります。そしてそれが重要なことなのです。十五年前、まだ社会が生命への関心をあまり示していない状況において、人間も生きものであるという指摘をすることで、社会の価値観を「機械論的世界観」から「生命論的世界観」へと移す提案をしたいと考えたのが生命誌の提案でした。『自己創出する生命』で掲載した表をもう一度ここに掲げ、その内容説明も引用します。

生命を基本にする知

これを考えたのは、ヒトゲノム解析プロジェクトが始まった頃であり、私の中にあったのは、ゲノムが解析されれば、生きものは常にゲノムによって考えられることになり、当然多くの研究者の考え方は科学から生命誌へ移るはずであり、それが社会の価値観を「生命論的世界観」へと変える力になるに違いないという期待でした。ゲノムはまさに、生命の特徴を考える鍵になる興味深いものなので、これを解明すれば、研究者の関心は生命を基本にする方向へ動くだろうと思ったのです。

<table>
<tr><th colspan="2">基本理念</th><th colspan="2">知の体系</th><th>自然との
かかわり</th><th>技術の性格</th></tr>
<tr><td colspan="2">生命（神話）</td><td>創生、全体、
関係、多様、
日常、物語（口伝）、
五感（六感）</td><td rowspan="3">（エンド）</td><td>［人・自然］
アニミズム</td><td>狩猟、採集、
農業</td></tr>
<tr><td rowspan="3">理性</td><td>ギリシア
（プラトン）
イデア</td><td>全体＜自然哲学（統一）——モデル
全体＜自然誌（多様性）</td><td>［神・人・自然］</td><td>技芸（職人）</td></tr>
<tr><td>中世
（スコラ・
キリスト教）
神</td><td>自然哲学（統一性）</td><td>［神］［人］［自然］</td><td>技芸（職人）</td></tr>
<tr><td>近代
（科学）
啓蒙理性</td><td>普遍性、論理性、客観性</td><td>（エキソ）</td><td>［人］［自然］</td><td>機械（時計）
科学技術
自然からの離別</td></tr>
<tr><td colspan="2">生命
（新しい神話）</td><td>普遍性—自己創出（自己組織化）
—多様性
歴史、関係、日常、物語</td><td>（エンド）</td><td>［人工・
人・自然］</td><td>自然と調和する技術
ヴァーチャル・リアリティ（コンピュータ）</td></tr>
</table>

最も大事な点は、人間の知の始まりには恐らく「生命」が重要な役割を果たしていただろうということである。生きものとしての人間がそのままの形で自然の一員として懸命に生きていたのである。これを一応、神話の時代と名づけることにする。この時代には、人と自然とは一体化しており、（中略）情報の伝え方として物語があった。活躍していたのは身体であり、五感（時には六感）であった。神話の世界は地球上のあらゆるところに在った。ニューギニアにも、日本にも、中国にも、ヨーロッパにも。レヴィ＝ストロースを借りるまでもなく、それらの神話の世界は基本的には、共通の構造を持っていたに違いない。（中略）人間の歴史を語るなら、そのすべてに眼配りしなければいけないのだが、本書（『自己創出する生命』）では、「科学」の中にいる人間として逆照射をすることになるので、まなざしはどうしても西欧に向くことになる。そこでは、知を支えるものは、明らかに「理性」に移っていく。その中を、現代科学の中でのDNA研究を踏まえて生命誌へと移行して行く私の眼に印象づけられる事柄を拾いながら進むと、やはりギリシアが浮び上る。

（『自己創出する生命』哲学書房、1993より。表も同書より作成）

表1

けれども、事態はとても複雑になり始めています。ヒトゲノムは、生きものの一つである「ヒト」のゲノムです。ここから、ヒトという生きものを知るための情報がたくさん得られるはずです。けれどもヒトゲノム解析終了後は研究の主流は生命という視点から離れ、人間を医療という技術の対象として見るという方向にぐんぐん進んでいます。ゲノム研究を中心にした生命科学研究は、科学技術と経済に吸収されつつあり、このままでは、生命を基本にする「知」が生まれ、それを基盤にした社会になるという期待は吹き飛ばされそうです。分子生物学のパイオニアのひとりであるフランスのノーベル賞受賞者フランソワ・ジャコブが近著『ハエ、マウス、ヒト』で、あたかも機械のように思い通りにできるかのような予測を立てて進んでいる研究に疑問を呈して、自然や生命は予見不可能なものであり、そこにこそ生命の特徴があると言っています。予測不可能性は生物の一つである人類の未来についても言えることで、それがどうなるかなどという予測は立てられませんが、予測不可能性に気づかずにこのまま機械論で進むのは、なんだか破滅への道のような気がします。

ヒトゲノム解析は、生物学研究史上とても大きな事柄です。生物学は、もちろん人間について知りたいけれど、もともとは人間を研究の対象にはできませんでした。他の生物を用いた研究から人間のことを推測してきたのです。ところが、ヒトゲノムが解析されたことにより、直接、生物学が人間を知ることのできる時代になりました。生きものという視点から人間を考えるということは、実は大変難しいことです。人間についてはすでにさまざまな文化と歴史の中でそれぞれの見方をもってきましたので、従来の人間観とすり合わせながら、より適切な考え方をもち込むのでなければ意味がありません。たとえば、ダーウィンは、『種の起源』で進化という考え方を示しました。それは当時のキリスト教社会の中では、とても大胆な考え方でした。人間も他の生物とつながっていることを示すのですから。進化論の中で、ダーウィンは人間について考えたい気持ちを強くもち、もちろん充分考えもしましたが、『種の起源』の中では人間について多くを語りませんでした。あらためて『人間の進化と性淘汰』を著したのはその後十二年を経過してからのことです。十九世紀と今とでは時代が違いますし、日本ではキリスト教の制約はありません。それでも人間について考えるとなるとやはり特有の難しさがあります。人間とは何だろう。もちろん生きものであることを踏まえて。ヒトゲノムが解析された今、生命誌も、人間について考えるときが来ています。そこから表1に示した「生命論的世界観に基づいた人間と自然と人工の関係が生まれる」可能性を考えるときです。

ここで人間について考える新しい「知」は、DNAを基盤に置くという点では生命科学の成果を活用しますが、DNAを遺伝子に還元せずにゲノムという単位で見るというところが違うはずだということはすでに述べました。ゲノムを単位にして見たときに出てくる特徴は、先ほど取り上げたジャコブの言葉の中に見られます。徹底した分子生物学者であるはずの彼が、著書の第一章を「予見不可能性の大切さ」としていることに注目したいと思います。科学は、世界を予見可能なものとして理解しようとする学問のはずです。けれども、今、私たちは、生きものはもちろんのこと、この世界が歴史的存在であることを知りつつあります。それについては後に章をあらためて考えますが、「予見不可能性の大切さ」は生物をゲノムで見るときの特徴であると同時に今という時代を考えるキーワードなのです。

科学技術のもつ問題点を考える

ヒトゲノムの解析を踏まえて、「生命」や「人間」について考えるときに、予見不可能性という謙虚な気持ちが表に出ない原因は、「科学技術」というお化けのような言葉にあります。今、生命科学研究を取り巻く状況が大きく変わっています。一九九五年、科学技術創造立国をめざし、議員立法で「科学技術基本法」が制定され、その翌年にはそれに基づいた「科学技術基本計画」が策定されました。この計画の基本になる考え方は次のようなものです。「グローバリゼーションが一層進行した。それとともに、先進諸国の間での経済競争は激化し、メガコンペティションとよばれる状態が到来した。こうした経済競争の基礎としての情報通信技術、バイオテクノロジーの進歩は目覚ましく、各国は競って科学技術の振興を重要課題として取り上げ、政府による積極的な政策展開を図ってきている」。その中で、長期的経済不況下にある日本の科学技術は憂慮すべき状態であり、産業競争力の低下も懸念され、この打開のために基本計画が作られたのです。そこで生命科学は重点分野になりましたので、当然、戦略的でなければなりません。

そこで二十一世紀初め、二〇〇一年の段階で選ばれたテーマは、次のようになりました。公的な計画書の言葉はわかりにくいので、その中の医療に関わる部分の内容をだいたい書きますと、「ゲノム解析を進めて、その中から病気や薬物反応に関係する遺伝子を探し、その遺伝子が作るタンパク質の構造や機能を解明する。それをもとに新薬開発をしたり、個々人に対応する予防、診断、治療法を確立してオーダーメイド医療を進める。この成果は機能性食品の開発にも応用できる」となります。個別のプロジェクトとしては、

●単塩基多型（SNPs）と呼ばれる個人によって異なる塩基配列を大量に調べ、その情報を、いわゆるオーダーメイド医療に用いる。
●移植や再生医療の高度化のために細胞生物学を進める。
●脳機能を解明し、脳の発達障害や老化の制御、神経関連疾患の克服をする。脳の原理を利用した情報処理、通信システムを開発する。
●持続的な農業、食糧安全保障、豊かな食生活を支えるバイオテクノロジーなどの科学技

術を確立する。

●膨大な遺伝子情報の解析などを行うバイオインフォマティクス（生物情報学）を確立する。

などというテーマが並びます。

私なりに要約したのですが、それでもまだ何やら難しい感じです。要は、ゲノムと脳の研究という二十世紀最後に力を入れて研究した二分野の成果を科学技術として活かし、産業を興して国際競争力を高めようということです。そこで、新聞や雑誌で次のような内容の記事を見ることが多くなりました。

ヒトゲノム解析計画が進み、一人ひとりのもつ遺伝子の違いによって、どんな病気にかかりやすいか、薬がよく効くかどうかなどがわかってきます。こうなれば、体の寸法を測ってぴったり合うように作ってもらう注文服のように、一人ひとりに合う医療、つまりオーダーメイド医療とでも名づけられるものができるようになります……。

一つの受精卵からはひとりの人間が生まれます。受精卵が分裂していくうちに、ある細胞は脳に、別の細胞は腸にと、それぞれの細胞の性質が決められていきます。つまり受精卵には、体を作る細胞のいずれにもなれる潜在的能力があるのです。一度、腸の細胞と決められた細胞は、その後分裂しても腸の細胞にしかなれません。でも、腸の細胞の中にある核を卵の中に入れればクローンができるのですから、どの細胞にも、実は、うまく処理をしてやれば体のどの細胞にもなれる可能性があるわけです。このような能力をうまく活用して、胚性幹細胞（ＥＳ細胞）という、何にでもなれる細胞をガラス容器の中で培養し、いろいろな細胞を作り医療に応用しようという研究が進んでいます。アルツハイマーにかかったら、胚幹細胞から作った脳細胞を脳内に入れてはたらかせるとか、大やけどをしたときには皮膚細胞を作って移植するとか。このように体の一部を再生できるので再生医療と呼ばれます……。

科学技術を人間に合わせる

ここにあげた二つの例、オーダーメイド医療も再生医療も国の重点施策であり、一見素晴らしく思えます。けれども一方で、人体を機械にみなして、壊れたら修理しましょうという考え方をどこまでも進めていってよいのかどうか、疑問も生じます。この問題を丁寧に考えていくと生じるたくさんの疑問については後で触れますが、ともかく、現在の科学技術政策が重点化して進めているプロジェクトの延長線上にあるのは、生命を生命として捉え、予測不可能性も考えながら生きものらしい生き方を考えようという世界ではありません。研究者の中にも心の底ではこのような疑問を抱きながらも、有効なデータの出る仕事をして知識を増やすことが、新しい展開をもたらすのではないかという期待、つまり科学への信頼と、とにかく今予算の出る研究で成果を上げることが大事という気持ちとから、疑問は表に出さずにいる人が少なくないように思います。

コンピュータについて、私が生命科学に対して抱いているのと同じ気持ちを述べている研究者がいます。物理学者で、コンピュータを駆使して仕事をしており、ハッカーを捕らえるという実績ももっているクリフォード・ストールです。「僕が科学技術に対して懐疑的なのは、コンピュータが嫌いだからではない。いやむしろ、コンピュータが好きなので、僕は科学技術に対して懐疑的なのだ。いま科学技術の分野には、誇大な予言と約束があふれている。僕はそのことを心配している。そういう行き過ぎた宣伝と誇大広告が、僕らのあいだに、科学技術に対する過大な期待と信頼喪失のサイクルを生みだしているのだ」と書き、小学校の教育現場でのコンピュータの使われ方が間違っていることを指摘しています。彼は、人びとが科学技術の都合に合わせるのでなく、科学技術が人びとに合わせるかたちで進化してほしいと願っていると書いています。

私もまったく同じ気持ちです。生物学の研究を始めてから四十年以上たち、研究との関わり方はその間に少しずつ変化してきたとはいえ、いつも生きものの研究ほど面白いものはないと思ってきました。もちろん今もそう思っています。そして、研究の成果を科学技術として活用することの意味も充分わかっているつもりです。でも、生命科学について懸命に考えれば考えるほど、最近の科学技術一辺倒の展望を見ていると、本当かなと思わざるを得ません。生命科学こそ、科学技術を人間に合わせなければならない分野だと思います。

『科学技術時代の子どもたち』という本で、科学技術信仰の中で教育されている子どもたちが、人間として本来もっているはずの「可能性」を失っているという現状を書きました。そのときは、スウェーデンの作家、リンドグレーンの作品に登場する「やかまし村」の子どもたちと現代の子どもを比較して、何が失われたかを考えました。テレビもコンピュータもない時代の小さな村の子どもたちの生活は、自然との付き合いや人間同士の助け合いに満ちていました。もちろんテレビやコンピュータがあるからこそできることもあるわけですが、やはり人間や自然の大切さを忘れてはいけないと思ったからです。さいわい教育現場に共感する方がたくさんいてくださり、その方たちからのお誘いで学校の先生や生徒さんたちと直接触れる機会をもつことができました。その体験から、よく考えている先生方、自分たちの将来について真剣に考え、大人にアドバイスを求めている素晴らしい生徒たちが多いことがわかりました。不登校や学級崩壊もあることは事実ですし、学力の低下も見られます。そのような問題から眼をそらすつもりはありませんが、そこにだけ眼を向けてその対処に力を入れても、社会全体が科学技術に振り回され、人間が主体となっていないとしか思えない価値観で動いているのをそのままにしておいたのでは、悪い方へいくしかないでしょう。むしろよいところに眼を向けて、そこから新しい可能性を探していく方がよい社会づくりにつながるのではないでしょうか。

世界中が科学技術の競争力を重視している中で、科学技術の重要性は認めながらも基本的な価値観を生命や人間の方に置いたらどうなるかを考えるという作業は、豊かな自然と自然に親しむ文化をもちながら、一方で西欧の科学技術文明を巧みに取り入れ、経済的豊かさをもつ日本こそ挑戦できることであり、その成果を世界に発信していけると思うのです。

科学技術を活かす産業社会とは

科学技術そのものを否定しているのではないことは、繰り返し言っておかなければなりません。しかし、たとえば二〇〇二年度の予算編成では、いわゆる公共投資を抑えて、景気刺激策として、科学技術が取り上げられました。これまでは道路を造ったり橋を架けることで経済を活性化してきたけれど、時代は変わったというところまではわかります。また新しい産業を興すには、科学技術による新しい芽を育てなければならないこともわかります。けれども、景気刺激のためということが先行すると、「人びとが科学技術に合わせる」方向になりがちです。人びとのよりよい生活のためには何を優先すべきかという発想は出てきません。

ここで科学技術を活かすべき産業社会についても、その行方がよく見えていないと言う詩人・辻井喬さんの分析に眼を向けます。辻井さんは、本名の堤清二として日本のビジネス界の中で特別な役割をしてきた方です。第二次世界大戦後、成長に成長を重ねてきた日本経済が成熟期に入ったと言われた一九七〇年代、それに適合するソフトをシステムとして、また感性として作り出すことで、日本社会を近代化、合理化しようという独自のスタンスでのビジネスを起こし、それが多くの人、とくに若者たちを惹きつけたことは記憶している方が多いでしょう。けれども、八〇年代に入ってから、このような努力の有用性に疑問をもち始めたとのことで、二十一世紀に入った今、「産業社会が明らかに衰退のサイクルに入っているように思えてならない。衰退という表現が不適切なら根本的な変質を迫られている時期にさしかかった、と言い換えてもいい。今年（二〇〇一年）の九月十一日に米国で発生した同時多発テロは、それを文明史の文脈で捉えてみる時、産業社会変質の里程表上の事件かもしれないと思われる」と言っています。そして、変革し、新しい創造へと向かう「大胆な自己革新を行う運動体」「新しい文化芸術を形成する源」としての伝統の力に着目しているのです（『伝統の創造力』）。

文化や伝統という言葉は、科学や科学技術と何の関係もないように見えますし、近年この言葉で復古の動きがありますので気をつけなければなりませんが、ここでの伝統とは、変化しなければならないときに、新しいものの芽が歴史の中に見出せることがあるという意味です。科学や科学技術の中に位置づけると、日本人の中にある自然観、生命観、人間観です。それを科学や科学技術の「大胆な自己革新」「新しい知の創造」へと活かしていきたいと思うのです。

産業社会が変革しているというのに、新しい自然観、生命観、人間観を生み出している生命科学が、従来私たち日本人が培ってきた文化や伝統と照らし合わせて新しい価値観をもつ社会を作ろうとせずに、古い産業社会での経済競争に血道をあげているとしたら、それは間違いではないでしょうか。人間が科学技術や社会システムに合わせるのでなく、人間に合った科学技術や社会システムを作ることです。

科学技術という言葉

ここで、科学技術という言葉ですべてが語られているための本質的問題点を指摘しなければなりません。当たり前のことですが、科学と技術は違います。この議論は、国の科学技術政策や予算を考える場でも話題になりました。私も何度か疑問を呈したことがありますが、基本的には「科学と技術が異なる出自をもっていて本質的に違うものであることは認めよう。しかし、現代社会では、科学の成果を用いた技術が大勢を占めているのだし、科学と技術の間は接近している。だから科学技術としてまとめて考えるのが現実的だ」という考え方が主流です。そして、「科学だって技術だって科学技術だっていいじゃないか。言葉などにこだわるのは時間の無駄だ。必要なら科学技術と書いてあるところを科学と読んでおけばいい」というわけです。

多忙な人たちが時間をやりくりして集まり、議論をする場で本質論を交わすことは無理なのでこのままになっていますが、少々大げさに言うなら、これは未来への道を誤らせます。科学には科学の、技術には技術の役割があるのに、それぞれがそれぞれの役割を着実に果たし、発展することができなくなるからです。しかも科学技術は、すぐに役立つという観点からしか評価されません。とくに近年その「役立つ」も、特許を取り、産業化し経済効果をもたらすというところに集約されています。

科学も技術もその誕生をたどれば、人間と自然との関係に行きあたります。人間はヒトという生きものであり、自然の一部なのですから、自然の中での自分の位置づけを知りたくなり、私とは何だろうと考えるのは、まさに自然な行為です。それが「自然哲学」です。現代科学をさかのぼっていくとギリシャの自然哲学に戻るので、表1でもギリシャだけをあげましたが、二十一世紀の知を考えるというテーマから考えると、インドで生まれた自然哲学がもつ世界観など他の世界も調べなければならないのは明らかです。もっとも、勉強不足ですので、今はその重要性を指摘するに止めますが。

自然を知る、人間を知るという知の形成のためには、自然哲学の他に占星術や錬金術のような観測や実験もありました。後者は、科学に近いわけですが、科学になるには普遍の概念が必要で、そのためには因果律とモデル化（理想化）が不可欠です。ある原因で起きる結果は決まっているという因果律は科学の基本です。そして、人間は因果律が最も考えやすく納得しやすいようです。脳のしくみがそのようにできているのだと言っている人もいます。ですから科学は知として有効であるわけです。ただここではっきりしておかなければならないのは、科学の世界は常にモデル化されているということです。力学を初めて勉強したとき、摩擦はないものとすると言われてふしぎな感じがしました。自然界では摩擦ゼロなどという場所はあり得ません。でもそう考えなければ重力の法則はとても面倒なものになり、中学生にはなかなかわからない。摩擦がないからこそすっきりした式で表現できるわけです。科学は真実を知ることだとよく言われますが、ここで言う真実は現実とは違う。ですから、コペルニクスもガリレイも天体の動きを観測し、そこからニュートンの万有引力の法則も生まれるわけで、身近な物体の動きを測定していたのではきれいな法則など出て来なかったでしょう。科学とはそもそもそういうものであるということはとても大事なことです。モデル化し、理想化しない科学はあるのか、それとも別の知の体系が必要なのか。少なくとも「生命体」では物理学とは異なるアプローチがあると思います。これは本書で考えてみたいと思っていることです。科学技術一本槍で進めていくと、このような問いの出る余地がありません。課題はすべてこれまでに研究されてきた科学で解明可能で、科学技術で解決していけるという基本姿勢があるからです。

一方技術は、科学があろうがなかろうが、ヒトという生物の得意技として存在します。そもそもヒトとは、「技術をもつ、または道具を使う生きものである」と言ってもよいくらいです。最近は研究が進み、チンパンジーも簡単な道具を使うことはわかってきましたが、やはり桁違いでしょう。とくに芸術は他の生きものにはないもので、しかも人類は早くからもっていたものです。アルタミラやラスコーの洞窟に描かれた壁画は、現代人をも突き動かす美と力をもっています。技術は、科学の理想化とはまったく異なり、身体感覚と連動した現実です。食べものを入れる容器を見ても、中に物が入るという機能に止まらず、持ったときの重さ、大きさ、手触りなど、それを作り続けるところから、単なる計算ではわからない真実が見えてくることはしばしばです。技術は、天体ではなく身近なところから、しかも理想ではなく現実を見据えて生まれてきたわけで、科学とは出自も性質も違います。

科学技術が悪者だとか不要だとか言っているのではありません。たかが言葉だと言って科学技術、科学技術と唱え、それしか言葉がないような状態にしてしまうと、科学と技術のそれぞれがもっているとても大切なものを失ってしまうことになる恐さを指摘したいだけなのです。本質が見えなくなることくらい恐いものはないのに、現代社会はむしろ、本質を見るなどというまどろっこしいことをやっていては生きていけないという発想の方が有力です。

科学技術という言葉は日本独特のものです。英語では、science and technology。もっとも、英語でも、science と technology が並べて語られることが多くはなりましたが、やはり両者は違うものです。科学技術となると科学と技術が一体化するというところを越えて、科学は技術のためにあるというニュアンスさえ感じられます。

科学革命の歴史

科学は、まず自然観から始まります。ギリシャ以来二千年近く、ヨーロッパでの基本にあった有機体としての自然の扱い方が崩れて近代科学が誕生したのが十六世紀から十七世紀、ガリレイやニュートン、デカルトなどにより新しい自然観が生まれました。ガリレイは「宇宙という書物は数学の言葉で書かれている」と言い、それまでの質的自然観を量的自然観に変えたのです。具体的には、実験を行い、それを理念化して法則的秩序を見出すという、現代科学の基本を作りました。さらにニュートンは、リンゴも月も同じ重力で動いているという万有引力、つまり天も地も同じ法則に支配されているという自然観を生み出しました。そしてデカルトの心身二元論により、天と地、つまり宇宙全体が機械のように動いている中で、人間も機械とみなせるという機械論的自然観が生まれました。このような経緯を見れば明らかなように、科学にとって重要なのは、どのような自然観をもつか、自然をどのような方法論で理解するかということです。つまり科学革命は、それまで自然を全体として受け止め、ときには石にも山にも生命を感じるというアニミズムも含めての有機体的自然観から機械論的自然観へという大転換だったのです。このような自然観は「生命的自然」を否定することであり、ときに生物学者の間で、科学は死物（イカでなくスルメ）を扱う学問であると言われることがあるのはそのためです。これは通常科学革命と呼ばれてきましたが、最近は、その後に科学の中で起きた変化に大きな意味を見出し、それらも革命と呼ぶようになったので、これを第一の科学革命と位置づけます。

第二の科学革命は、「科学の制度化」であり十九世紀に始まります。きっかけは、科学を基盤に置いた技術、さらにはそのような能力をもつ技術者が求められるようになったことにあり、ドイツやフランスで理工系の専門学校が設立されました。産業界で研究開発が行われるようにもなり、職業としての「科学者」が誕生し、学会が誕生したのもこのときです。十九世紀半ば、身近なもので言うならミシンと自転車が生まれ、化学製品としてはレーヨンやセルロイドなどが作られて、現在の機械と化学物質に囲まれた生活への幕開けとなりました。

まさにこのような技術の発展と科学の制度化が進行している最中に、日本は明治維新を経験し、近代化つまり西欧化をめざしたのです。つまり、ヨーロッパで科学と技術が近づき始めたときに、それを導入したことになります。第一の革命を経ずに第二の革命から始まったところに日本の科学と技術のあり方の特異性があるのです。

そして、一九三〇年代に入ると第三の科学革命が起こります。これはむしろ科学技術革命と呼んだ方がよいと思われる変化でした。量子力学と相対性理論が生まれ、物質の性質をミクロのレベルで解明する物性論や、高分子化学が生まれました。科学が技術の基本となって技術が工業製品につながっていった時代です。三〇年代は第一次と第二次の世界大戦の間であり、この二つの大戦は、まさに科学技術が支えた戦争で、巨額の研究開発費を投入しての兵器開発が行われました。国家が主導する研究開発とその産業化というスタイルが生まれ、第一次世界大戦では戦闘機、潜水艦、毒ガス、第二次世界大戦になるとジェット機、ロケット、レーダーと続き、科学技術革命の最も顕著な成果としてあげられるのが米国の「マンハッタン計画」による原子爆弾の開発です。コンピュータも戦時ゆえの開発であるし、実は偶然発見されたとされるペニシリンの製造も軍需産業の一つとして進められたのでした。そして今、私は第四の科学革命のときだと思っています。それは、「生命」を基本にする「知」への移行という大きなものですので、二十一世紀という世紀をかけて実現するものですが、その方向だけは見定めておきたいと思って本書を書いています。

プロジェクト志向の科学政策

マンハッタン計画の成功（その成果物とそれが実際に使用された結果は悲劇ですが、科学技術政策としては成功）は戦後の米国の科学政策のあり方を決め、我が国の現在もこれにならっています。民需へと転換はしましたが、プロジェクト志向は受け継がれました。「科学技術基本法」「科学技術基本計画」に盛り込まれた意識はまさにそれです。計画の基本には、（一）国の発展基盤となる研究開発の着実な推進、（二）国の経済を発展させる国際競争力を確保する科学技術活動の推進、（三）安心・安全な生活を実現する科学技術活動の推進、（四）科学技術システムの改革、とあり、科学技術創造立国のために行うべきことが過不足なく入ってはいます。しかし、具体的施策として目立つのは、国際競争力をつけること（とくに米国を意識して）、産業振興により経済を活性化することであり、そのためには競争的環境を作ること、知的財産権の確保とそれを活かしたビジネスの確立に努めることが大きな目標です。もちろんこれも決して悪いことではありません。しかし、現場が競争第一となり、そのために失うものは少なくありません。

このように、科学という言葉を消してしまったまま進む先には、ゆったりと暮らす社会は見えません。生命や人間を基本に置く社会にはなりそうもありません。

科学技術という、何でも呑み込んでしまうお化けのような言葉から離れて、科学のこと、技術のことを丁寧に考えていく必要があります。

このような一見面倒なことを言う理由はもう一つあります。「科学技術基本計画」にも「二十一世紀は『生命の世紀』と言われる」という言葉があるのですが、それに続くのは「生命への理解が深まることによって、医学の飛躍的な発展や食料・環境問題の解決に寄与することが期待できる」という科学技術への期待です。しかし今それ以上に大事なのは、生命という課題を、私たちがヒトという自然の一員として生きていくにはそれをどのように捉えたらよいのかという視点に立つことではないでしょうか。生命という全体像をよく見た場合も、その中の一員としての人間のもつ特殊性に思いをいたすのは当然です。私たちは人間なのですから。けれども、科学技術は特殊なところにだけ光をあて、生命という文字の影が薄くなる危険性があります。二十一世紀を本当に「生命の世紀」にするのなら、「生命」と「人間」の関係をどのように見るかということが大事になるわけですが、現実にはすべて人間の都合の中に生命が呑み込まれているのです。実はここには、今の日本の生命科学に大きな影響を与えている米国でのライフサイエンス誕生の経緯が関わっています。

ライフサイエンスと生命科学

私が生命科学研究に参加したのは一九七一年であり、そのときの体験がまさにこの学問のあり方を教えてくれます。今では日常語になったライフサイエンスや生命科学という言葉は、共に七〇年代の申し子なのです。私が江上不二夫先生の構想のもと、生命科学を始めるにあたって勉強したのがほぼ同時に米国で誕生したライフサイエンスでした。それは米国が生命研究に重点を置くという宣言だったのです。

六〇年代の米国は、対ソ冷戦の中で優位を保つことが重要課題でした。先導的科学技術は軍事。そんな中での具体的プロジェクトはＮＡＳＡ（米国航空宇宙局）による「アポロ計画」でした。ソ連は、五七年に初めての人工衛星スプートニクの打ち上げ、次いで六一年のボストークによる有人宇宙飛行の成功と、世界へ向けて宇宙技術での優位性を見せつけました。スプートニク・ショックから立ち上がり、米国の優位を示すには、月に人を送り込むしかないと、ケネディ大統領は、六〇年代のうちの実行を世界に向けて宣言しました。そして六九年、アポロ十一号に乗り組んだアームストロング船長らによる月面での活動がテレビを通じて世界中に送られたわけです。これで米国の威信は取り戻せましたし、ＮＡＳＡの活躍は、プロジェクト遂行のお手本として印象づけられました。今もあのときの興奮とＮＡＳＡチームへの尊敬の気持ちを思い出します。

しかし、終わってみれば、莫大な国費を使ってのアポロ計画が、タックスペイヤーである国民の生活に何をもたらしたのかという冷めた問いも出ようというものです。すでにケネディ大統領も亡く、新しく大統領に就任したニクソンにしてみれば、七〇年代という新しい時代にふさわしい、自分らしいプロジェクトを打ち出さなければなりません。そこで、より国民に身近なプロジェクトとして考え出されたのが、一九七一年の「がんとの闘い」でした。目標はがんの制圧で、建国二百周年の七七年までにがん死亡率を半分にしようと言ったのです。大きな挑戦です。

まず、人びとの役に立つということから考えれば、死亡原因の一位にあり、当時は、まだその原因もわからず不治の病とされていたがんの病因究明と治療法の開発が、大きな意味をもっていたことは明らかです。そのために必要なことは、生物学と医学の協力です。そこで、この二つを合わせてライフサイエンスと名づけ、予算の区分も合体させました。それまで生物学は、人間以外の生物を対象にする学問として位置づけられていましたし、DNAを基礎にした生命現象の解明を進めてきた分子生物学は、バクテリア、主として大腸菌が世界中の研究者の研究対象でした。けれども、基本的な生命現象は、バクテリアでもヒトでも同じ（実際はジャック・モノーが大腸菌でもゾウでも同じと言ったと言われていますが）とは誰もが考えていたわけで、ここが大事なところです。

当時、がんの原因はウイルスではないかと考えられていました。ヒト以外では、がんウイルスが見つかっていましたので、ヒトにもそれがあるだろうと考えたのは当然です。そしてウイルスであるなら、天然痘ウイルスを制圧し、この世からこの病気を消すことができたようにがんも制圧できるのではないかと考えられます。

しかし、現在誰もが知っている通り、このプロジェクトでのがん制圧は不可能でした。現代科学技術は月への着陸はやってのけられたけれど、がんとの闘いには勝てないというのは象徴的です。天体の動きは理想化された法則そのままですが、身近な虫の動きはそうはいかないというのと同じです。がんは体内の細胞が異常な分裂を始めること、がん細胞になると本来の性質を失って他へ転移することもしばしばであることはわかっていても、そもそも細胞の分裂や分化のメカニズムがよくわかっていないのですから、プロジェクトの組み方が難しいことになります。従って、アポロ計画との比で言えば、がん制圧プロジェクトは失敗ということになるのですが、別の見方をするなら、ここから生きものや人間を知ることの難しさを知り、それに向かうには心を新たにしてその本質を見なければならないということを教えられたという点で、重要な意義をもつ計画でした。またこのときの、生物学と医学を結びつけるという方向への一歩は、その後の研究に大きな影響を与えました。実際に米国の論文を見ていると、ライフサイエンスよりは、バイオメディシン（生物医学）という言葉の方が定着しているように思います。ライフサイエンスは、より広い、まさに生命とは何かを問う科学という意味になってしまい、がん研究に携わっている研究者にはピンと来なかったのでしょう。日本の生命科学は、前述したように、まったく別の経緯で生まれ、むしろ環境問題を強く意識したものだったのですが、今では生命科学の中心は生物医学のプロジェクトになっています。結局米国型になったわけで、米国が作った土俵でのプロジェクト合戦なのです。

組換えＤＮＡ技術とがん研究

生物医学の研究の進展は思わぬところから始まりました。バクテリアで進められてきた分子生物学を多細胞生物に展開しようという努力の中から生まれた組換えＤＮＡ技術が、がん研究をも変えました。ＤＮＡの基本的なはたらきは大腸菌でわかるといっても、大腸菌には脳はありませんし、がんにもなりません。とすると、何を研究したらよいのだろう。六〇年代の終わり、第一線の研究者の中にそのような悩みが生まれました。ジャコブは前に引用した著書で詳しくその頃のことを述べています。どんな生物を材料にしたらよいだろう。ウニかカエルかハエかマウスか。研究室でよく使われている生物を思い浮かべる一方で、必要な条件を書き出しました。飼いやすさ、速く増えること、遺伝子分析の簡単なこと、細胞の培養ができること、生理学的研究や生化学的研究がしやすいこと、生態観察ができること。こう考えると、どの生物にも利点と欠点があります。プラナリアはどうだろうと考え北欧まで研究者を訪ねたり、仲間と議論をしたり……結局ジャコブはパスツール研究所で以前から研究されているマウスを選ぶのですが、世界中でこのような選択のための試みと思考とがなされていたのです。

そこへ登場したのが組換えＤＮＡ技術です。この技術を使えば、生きものの選択にそれほどこだわる必要はなくなります。あらゆる生物の遺伝子を取り出して大腸菌の中へ入れ、それを増やして調べることができるのですから、まさにエポックメーキングと言うにふさわしい技術です。もちろん、がん研究にもこの技術が用いられました。その結果、「がん遺伝子」と呼べるものが見つかったのです。ニワトリでのがんウイルスであることがわかり注目されていたウイルスに、まさに腫瘍形成の原因になる遺伝子のあることがわかり、しかも驚いたことに、それがどこから来たかをたどっていくと、ニワトリそのもののもつ遺伝子が変化したものだというこどになったのです。がん遺伝子は、生物そのものがもっているらしいという意外な展開でした。そしてマウスで、さらにはヒトでもがん細胞の中から、それを正常細胞に移せば腫瘍化するという遺伝子が発見され、がん遺伝子という考え方は確立しました。この遺伝子が、本来は細胞増殖に関わるものであり、それが変異した場合、増殖異常が起こる、つまり細胞のがん化が起きるという納得できる結果が出てきたのです。

八〇年代の終わりにこの成果が出たとき、多くの研究者はがん制圧は近いと思いました。日本の免疫研究のリーダーのひとりである本庶佑《まんじょたすく》さんも、そのとき「これでがんは解けた。あと十年でがんは治せるようになる」と言ってしまった経験から、以後予測は言わないことにしていると笑っていらしたのが印象に残っています。生きものは曲者なのです。がん遺伝子は、細胞増殖に関わるわけですから、一つではありません。今では百近いがん遺伝子が見つかっています。増殖の抑制も大切ですので、がんに関わる遺伝子の中には、がん抑制遺伝子と呼ばれるタイプのものも登場しました。まさに、がんを知ることは、細胞増殖とは何かを知ることになったわけです。別の言い方をするなら「生きるとは何か」という問いを突きつけているのです。科学研究としては非常に興味深いことですが、医学の立場から見るとなんとも面倒なことになったわけです。

米国のがんプロジェクトのリーダーであったレナート・ダルベッコが、この状況を見て、八〇年代半ば、がん制圧をめざすのなら、遺伝子を一つひとつ調べ上げるのではなく、ヒトがもっている遺伝子全体を相手にしなければならないという考えを発表したことが、ヒトゲノム解析という新しいプロジェクトにつながる一つのきっかけになったという事情はよく理解できます。

とはいえ、ヒトのゲノムは三十二億もの塩基が並んでいるのですから、果たしてその分析は可能なのか、多額の費用が他の研究を圧迫しないか、塩基配列解析などという機械的作業に研究者が関心をもつかなど多くの疑問が出ました。このプロジェクトについては、政治的な力関係も含めてさまざまな動きがあり、科学研究がどのように進むかという点で興味深いのですが、それについてはたくさん本も出ていますのでここから先はそれに譲ります。ただ、解析プロジェクトの責任者になったJ・D・ワトソン（DNAの二重らせん構造の発見でノーベル賞を受賞し、常に米国の生命科学研究のリーダー役をしてきた）が、提唱者が信頼できる友人だったから始めたと言っているのが心に残ったということだけは述べておきます。科学研究も、結局は人が決め手になるのです。

それはともかく、九〇年に米国で始まった「ヒトゲノム解析計画」のきっかけは、七〇年代初めの「生物学と医学の一体化」という科学技術政策にあったわけです。七〇年代という時点で、がん制圧などと言ったのは暴言だ、がんプロジェクトは失敗だった、あれはニクソンがケネディ人気を嫉んでひねり出したものだなどという批判もありますが、そこで生物学が医学と強く結びついたという事実は、現在の生物学研究と医学研究の両方に大きな影響を与えました。それは、医学が科学化することであり、生物学の中でヒトという存在が大きくなるということです。生物学にとっても医学にとっても方向を決める決定打だったと言ってよいでしょう。確かにそこには多くの利点もありますが、それが当たり前になり、科学技術に大きな影響を与えているとしたら、問題点も考えてみなければなりません。

少々長い説明になりましたが、今、生命科学研究の中で世界をリードしている米国の研究のあり方は、そのまま日本の研究のあり方になっていますので、この事情をよく知ったうえで「二十一世紀は生命の時代」という言葉をどのように受け止めるか、さらにはそこにある問題点をどう解決するかを考えていかなければならないわけです。

人間が研究対象に

こうして、七〇年代以降の生物学研究は、生物医学が中心となり、しかも組換えDNA技術に端を発した新しい技術の開発によって、それまでとまったく異なる様相を見せています。それは、主として次の四点です。

第一は、人間（ヒト）という、おそらく地球上で最も複雑で最も扱いにくいであろう生きものの解明が最も大きなテーマとして生物研究者の前に登場したということです。科学は本来モデル化、理想化した形、つまりできるだけ単純な中に普遍的な原理を探し出す学問です。この方法を生み出したのは物理学。十九世紀半ばまでの生物学は博物学であり、多様な生きものを観察し、それぞれの特徴を記述するものでした。もちろん分類はしましたが、そこに普遍を求めるものではなかったのです。ところが十九世紀後半になって、ダーウィンによる進化論の提唱、メンデルによる遺伝の法則の発見、シュライデンとシュバンらによる細胞説（すべての生物は細胞からなる）、生化学（生命体も化学物質でできており、あらゆる生物に共通の化学反応が解明できる）という、まさにすべての生物に共通という視点が次々に登場しました。さらに、二十世紀に入り一九三〇年代から四〇年代になると、物理学者が生命への関心を示すことになります。

ニールス・ボーア、ヴェルナー・ハイゼンベルク、エルウィン・シュレディンガーなどの量子論、統計力学の創始者が次の目標にしたのは、当然、生命でした。ボーアは原子という見えない世界に存在するさまざまな法則をもとに原子模型を考えました。この模型は、原子そのものの性質を見事に説明しただけでなく、それまで経験的に扱われていた化学反応をも論理的に説明し、ドミトリ・メンデレーエフの周期律表からの、まだ発見されていない元素の性質の予見にもつながるものでした。その先に見えてくるのは「生命体」です。ボーアは、生物を極限まで分析していき、生物の中での原子の役割を解明しようとすれば生命を奪うことになる、これでは生命の解明にはならないと言い、量子論が古典物理学から見れば非合理としか見えない現象を理解させたように、物理学から見ると非合理としか見えない生命現象を理解する新しい学問が作れるのではないかと考えたのです。

彼のこの考え方に刺激を受けた若い物理学者マックス・デルブリュックが、生物学を勉強し、一九三五年に自ら遺伝子の突然変異の原子物理的モデルを提出しています。そして遺伝子という微小なものが生物という複雑な全体の秩序を支配し、秩序の再生産を行いながら、自身は安定した存在であることが生物の根本問題であると考え、遺伝子の物質的基礎を知るために大腸菌とそれに感染するウイルス（ファージと呼ぶ）をモデルとして実験を始めたのです。これが分子生物学の始まりであり、科学としての生物学の始まりとも言えます。つまり、分子生物学研究としては、まず大腸菌とファージというモデルで基本を解明し、次により複雑な問題を解くとしたら、さてどのモデルにしようかという、科学としてのステップを踏んで発展していくはずだったのです。それについては、ジャコブがさまざまな生物をモデル生物として探したという例で紹介した通りです。

ところが、がんプロジェクトが始まる一方で、組換えＤＮＡ技術という思いがけない技術が開発された結果、人間というとんでもない対象が眼の前に登場してしまいました。分子生物学研究の延長線上に、いつかは一つひとつの遺伝子を解明するのではなく、ある生物がもつすべての遺伝子を知らなければならないというときはやってきたでしょうから、ゲノム解析という発想はどこかで出ただろうと思います。しかし、がん研究がなければ、ゲノムを知ろうという発想はこれほど早くは出なかったでしょうし、ましてや、最初に「ヒトゲノム」を取り上げるなどということはあり得なかったでしょう。科学の常識からすれば、まず簡単なものから始めるのが当然で、大腸菌ゲノムプロジェクト（これなら塩基数は四百七十万であり、ヒトは三十二億でその七百倍近い）になるはずです。しかし、がん研究のためには大腸菌を調べてもしかたがありません。どうしてもヒトということになり、当初は無謀とも言われたプロジェクトが始まったわけです。

大腸菌のゲノム解析であれば、どこかの国の誰かが始めればよかったのでしょう。ところが、ヒトゲノムではそうはいきません。まず米国が国のプロジェクトとして立ち上げたのですが、それ以前から研究者の間では国際協力の準備がなされていました。こうして、生物学に初めての大規模プロジェクトが登場したわけです。生命とは何か、生きているってどういうことなのだろうという問いや、イモリの脚はなぜ失われても再生できるのだろうという問いを立てて、半分楽しみながら進めていくはずの生物学が、国際協力と国際競争の中に放り込まれたのです。

医療との結びつき

第二は、第一と密接に結びついたことですが、生物学が医学、そして医療と直結したということです。これは別の表現をすれば科学技術化したということです。生命とは何かなどとのんびりしたことを言っていたのでは弾きとばされます（具体的には研究費が得られません）。どう役に立つか。それが研究を評価する判断基準になりました。ヒトゲノムの解明には、多額の予算を必要としますから、社会への還元が求められるのは当然というところからも実用性は大事な評価になるわけです。同じ競争でも、研究成果のみに止まらず、実用化、産業化の競争も入ってくるわけですから、厳しいものがあります。

生物学が医学・医療に巻き込まれていくのと同時に、医学の科学化も急速に進んでいます。遺伝子研究も、がんプロジェクトの中だけで行われていたわけではありません。死因や患者数の増加から、医学・医療の研究対象となるのは感染症からいわゆる生活習慣病に移りました。高血圧、糖尿病、心臓疾患などは確かに食習慣や飲酒、喫煙などの生活習慣が発病に影響しますが、一方、遺伝的要因も重要です。また、一つの遺伝子の欠損や変異が原因で起きることがはっきりしている遺伝病は、患者数はそれほど多くはありませんが、症状が重篤な場合が多く、その原因をつき止め、予防や治療につなげたいと願う気持ちは強いものです。そこで、遺伝病や生活習慣病に関わる遺伝子の探求が医学の中の大きなテーマになりました。遺伝病の遺伝子発見物語として有名なのは、ハンチントン病です。今、日本のゲノムプロジェクトでは、アルツハイマー症、高血圧、糖尿病、がん、アレルギーの五大疾患の病因究明と予防、治療法の開発を大きな目標にしています。さらには、各人によってゲノム内の塩基配列が三百万から一千万カ所で変化しているという、単塩基多型（ＳＮＰｓ）と呼ばれる現象を用いて、個人の遺伝特性を調べ、薬の効き方の差などにより治療法を変える、いわゆるオーダーメイド医療への模索も進められています。

生物研究と医療とのつながりは、あげていけばきりがありませんので、また必要に応じて触れることにし、ここではこのくらいにしておきます。とにかく、生物学と医学・医療は一体化してきたと言っても過言ではありません。もちろん、生物研究と無関係の医療、医療と無関係の生物学は存在しますけれど、予算配分と社会の関心が生物医学に集中していることは事実です。国の政策、大規模プロジェクト、大型予算、多数の研究者の参加という体制でのぞむのが医療であり、生命科学研究であるという流れができてしまいました。けれども、冷静に、医療とは何か、生きものを知るとはどういうことだろうと考えたとき、本当にこの方向が望ましいのだろうかという問いが生まれます。たとえば糖尿病という病気の医療はどうあったらよいだろうという素朴な問いから出発したとき、単塩基多型を調べ、遺伝子探索をすることにこれだけの優先順位が与えられるものかどうか、考える必要があるでしょう。現在の研究の流れは、〝よく生きる〟という問いは捨てて、プロジェクト推進が目的になっています。

産業との結びつき

第三は、これまた第一、第二と密接に結びついていることですが、研究成果が直接産業と結びつくことを期待した動きになっているということです。産業化がいけないのではありませんが、生命について、人間について知りたいからだなどというのんびりした話では予算はつかず、大学での研究も積極的に産業に結びつけるように、特許を取るようにとせかされます。この場合、その技術が長い眼で見たときに本当に好ましいことかという視点よりも、当面役に立つことが求められるわけです。

科学技術振興の声の中で、人間がその対象となり、医療、産業と結びついた科学技術がぐいぐい進められていく――「生命の世紀」というかけ声で最も強く進められているのは、このような動きなのです。ここでも前項で述べた、よい医療とは何かという問いをとばして、科学技術を進め、産業による経済活性化をするという視野の狭さが気になります。それと同時に、コンピュータについてストールが述べていた「科学技術の分野には、誇大な予言と約束があふれて」おり心配だという問題がここにはあります。生活習慣病は、複雑な生体システムのバランスの崩れであり、一つの要素を変化させれば全体が動くというタイプの変化の結果生じる症状です。ここでは正常と異常の区別さえ難しいと言えます。ゲノム研究が明らかにしたことは、すべての人のゲノムにある種のはたらきの欠損はあるということです。その中でバランスを維持していくのが生きることなのです。産業化に振り回されて、このような生きものの見方が失われたとき、よく生きることは難しくなります。

これはちょっと違うのではなかろうか。違うだけでなく、このままでは、生命の世紀と言いながら、生命は単に操作の対象になるだけで「価値観」の基本にはならず、真の意味での生命の世紀にはならないのではないかと気になります。操作の対象としての生命ではなく、自然の中にある全体としての生命、人間を浮き彫りにした社会にするにはどうしたらよいか。それには、これが科学技術と産業の中にすっぽりはまり込んでいる状態を変える必要があります。まずそこから科学技術にはもちろんその役割がありますが、科学技術は万能ではないはずです。

抜け出し、その後で、科学や技術の役割、おそらくその限界についても考えなければ、生命と人間を見つめることなど不可能です。

社会の中の科学

最後、第四は「科学と社会」というテーマが大きく浮かび上がってきたことです。これまで述べてきたように、人間が生命科学研究の対象になり、その成果が医療や産業と直接結びつくことになったということは、科学研究が社会と強く結びついてきたということです。これまで科学研究に限らず、学問は社会とは遠いところにあるとされてきました。学者も社会もそう思っていました。けれども、学問の府である大学は、税金や学生による納入金で運営されているわけで、社会に対して自らの活動を説明する責任を負っています。そこで、科学と社会というテーマが浮かび上がり、最近ではプロジェクト研究の場合、予算の数パーセントはその活動に用いるのが常識になりつつあります。科学技術万能の中でのこの活動の中心は、まず現行の研究がいかに役立つかを確認することになります。もちろん、生命科学の場合、生命倫理という問題があり、生殖技術や遺伝子操作などについて倫理の面から検討すること、食品や薬品などという製品についての安全性をチェックすることなどが行われます。生命倫理（バイオエシックス）も七〇年代の米国で、ライフサイエンス、つまり生物医学と同時に生まれた分野です。

たとえば、体外受精という技術は家畜で利用されているのと、医療に用いられるのでは意味が違います。ガラスの容器に入れられた受精卵は人間なのか人間でないのか。このような問いが出され、議論されました。論理的、科学的解答を求めて。しかし、これに科学が正解を出せるはずがありません。医療の現場には古くから存在し、いつの時代にも不可欠な医の倫理を、医学研究にまで広げて社会の約束事として、職業倫理として確立していくのが現実的です。受精卵は、将来人間になるものとして扱わなければならないが、医療の研究のために用いる必要もあるという判断により十四日までの胚を研究対象とできるようにしている現状は、医について真剣に考えた約束の結果です。正しいか、正しくないかはそこにはありません。判断基準は、人間を大切にするかしないかというところにあります。医とはそのようなものですから。

このように考えると、そもそも「科学と社会」というように両者を「と」で結び、生命倫理などと言い出す考え方がおかしいことに気づきます。科学者は社会の一員であり、研究という行為自体が社会の中に存在するものなのですから。そして、社会の中の生命研究という眼で見たときに、一番重要なのは、新しい生命観や人間観、自然観を組み立てる素材を提供し、社会の価値観を変えていくことだとすれば、科学技術万能で攻める科学の側と受け身の社会という歪みはないはずです。生命誌は、その中に日常を取り込むことで科学と社会という言葉を消し、〝生きていること〟に向き合うものとなっていることはすでに述べました。ここには、本来の

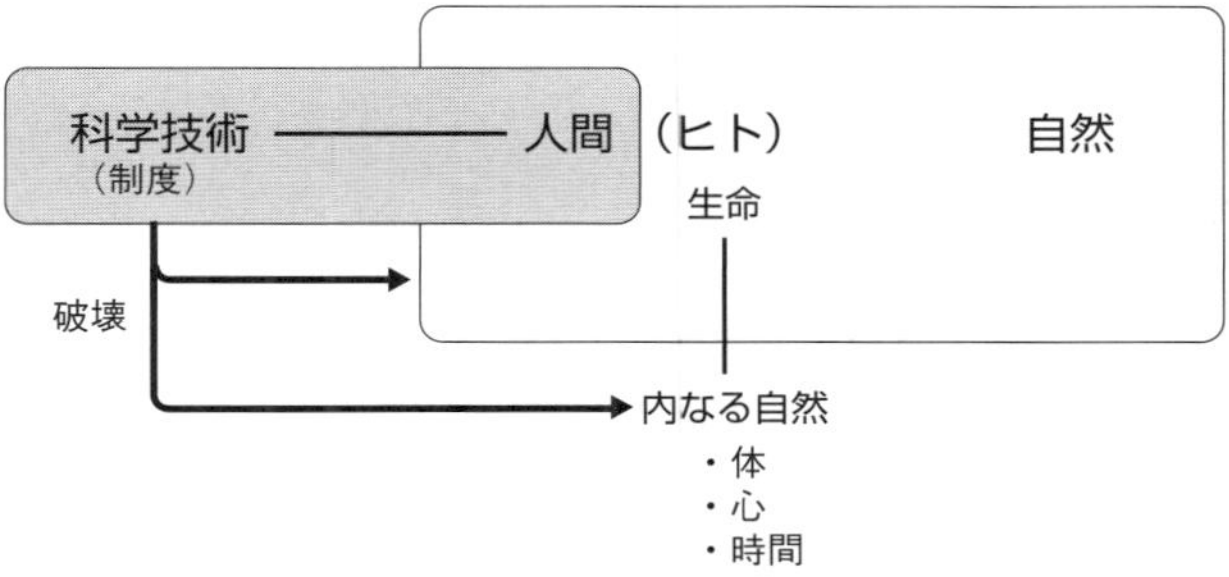

生きものとしての人間という視点からの見直しにより、現在進んでしまっている外の自然、内の自然の破壊を止めることが重要になっている。外の自然については環境問題としてその破壊が認識されているが、内の自然の破壊はまだ認識されていない。体と心、とくにその中にある「時間」が、効率一辺倒の科学技術文明の中では急速に壊されている。

図1　科学技術文明の見直し—第四の科学革命

倫理がはたらくはずで、あらためて生命倫理などと言う必要はありません。

第四の科学革命

「生命の世紀」を本当に生命を基本に置いた社会にするのなら、第四の科学革命によって現代文明を変革しなければならないと思います。この方向が出せるのは、生命科学研究のはずですが、ここまで述べてきたように大きな流れはそうはなっていません。とくに日本の場合、すべてを科学技術の中に入れてしまっていますから。とはいえ、研究のすべてがそこに巻き込まれているわけではありません。生命誌も含めた生命研究はもちろん、複雑系、脳科学、心理学、情報科学などの分野から、機械論的世界観からの脱却を予感させる動きが出ています。また人類学や哲学などからも新しい生命論的世界観への試みもあります。ここではそのほんの入口、変わる方向が見えている状況を見ていきたいと思います。

第二章　重ねる——分ける方向からの転換

日常性の意味

第一章では、「生命」という視点から、科学技術に巻き込まれた現在の生命科学は、たくさんの問題を抱えていることを指摘しました。繰り返しますが、科学技術がすべて悪いというのではありません。ここで、問題点を少し別の角度から検討してみます。

基本は生きものとしての暮らしにあると述べました。家族や友人や職場仲間や憧れのミュージシャンや……。たくさんの人びととの関係の中で私たちは暮らしています。周囲には緑があり、花が咲き、蝶が舞い……、魚屋さんに生きのいいアジがあったから今晩はこれを焼いたらおいしそう。さまざまな生きものたちと関わりながらの暮らしです。

とはいえ二十一世紀初めの今、コンピュータもテレビも新幹線もジェット機も生活必需品です。これらを使ったから、生きものとしての生き方にならないとは言えません。道具を使うこと、道具を考え出すことは人間という生きものの特徴ですから。ところが第一章に述べたように、科学技術が、生きものの本質にマイナスの影響をもち始めているので、この辺りで〝日常性〟をしっかり見つめなければバランスが取れなくなってしまいました。現在の日本社会では、科学まで科学技術に取り込まれた困った状態にありますが、科学さえ独立させればそれでよいかと言えばそうではありません。

私が生命誌を始めた理由の一つはそこにありました。

ＤＮＡを中心にした生きものの研究は面白い。おそらく、今のところ、あらゆる研究の中で最も面白いと言ってもよいだろうと思いながら、生きものを遺伝子に還元して考えることと、日常、子どもたちに接したり、お料理をしたりしているときの生きものに対する感覚とはどこかにずれがあったのです。これはおかしい。日常の感覚はどうにもならない本来のものなのだから、科学のものの見方がおかしいのかもしれない、でもこんなに面白いものをおかしいといって捨て去るのも変だ。そこで、だいぶ悩みました。その結果、生命誌として専門と日常を合わせることで自分の中では一応の解決をしたのですが、生命科学研究の科学技術への傾倒は止まらず、社会としての本質的解決はできていません。

もう少し日常性の方に重点を置いた社会にしたいというのが、今の願いです。要は、食べものが腐っているかいないかは自分の鼻で判断できるはずで、センサーを使うこともなかろうという日常の事柄の積み重ねですが、哲学者の力を借りてその気持ちを整理してみます。ひとりはフッサールです。彼は、第一の科学革命は「自然を数学化」した自然観を生んだものだと言った人です。そして、このような方法では、私たちの暮らす日常（彼は「生活世界」と呼んでいます）を描ききれないと「科学の限界」をはっきり示しています。この世界は数量的関係で示せる――つまり物理学を基本にした科学で理解できる客観的な一次性質（運動や大小など測定可能なもの）の他に二次性質（色、味、匂いなど感覚でわかる見かけ上の性質）や痛い、悲しい、楽しいなどの感覚と感情に満ちているからです。

そして客観性や普遍性を基本にする科学的理解にとっても、その奥底で、この感覚的な経験の世界が役割を果たしているとフッサールは言います。つまり、科学こそ基本であり、それで表現できない感情などは二次的なものであると考えがちな現代の考え方に対して、むしろ二次性質の方が基底にあると言っているわけで、まさに日常性の重要性を明らかにしてくれています。

重ね描き

もうひとり、大森荘蔵《おおもりしょうぞう》先生（生命誌を考え始めていた頃、いろいろお教えいただいたのですが、今考えるとそのとき先生のお考えを自分の中に充分に吸収できなかったのが残念です。余談ですが、若い頃親切に教えていただいたのに、よく理解できず、教えを充分活かせず、もっときちんと考えるべきだったと反省する先生が何人も思い浮かびます。学ぶということは難しいことだとつくづく思います）は、もっと魅力的です。私たちが経験し、日常の言葉で描写している自然を、科学は死物語（前に科学はイカでなくスルメを見ていると言いましたが、まさにそのような見方です）で描くので、そのままでは自然を描けないが、そこで得たことを日常の描写に「重ね描き」すればよいというのです。この場合、一次性質とか二次性質とか分けずに、すべてが日常の中にあり、科学の言葉で描ける部分をその上に重ねて考えていけばよいということになります。生命誌はこれを生命科学の中で現実にしたいと思って始めたものです。DNA研究は面白いけれど、それがすべてを説明するなどと思わずに、日常、生きていると感じている事柄の上に重ね描きしていけばよいのだと思ったのです。具体的には、地球上の全生物がDNAを共通物質としてもっているという事実と、他の生きものたちと自分とはどこかでつながっているという日常感覚を重ねることによって、両方が響き合い、他の生きものとの関係が、より深くなっていくということです。

科学や科学技術の方が日常より優位であると決めつけて、それで日常感じていることを説明しようとするために、身動きできなくなっているのではないでしょうか。DNA研究の意味は、生命現象をすべて遺伝子で科学的に解明して、愛から病気まで、あらゆることをDNA（遺伝子）で説明することだとされています。

もちろん、感情も病気も、体に何かが起きているので、そこで何かの遺伝子がはたらいているのは当然です。けれども愛を遺伝子で説明しても、どうしてあの人が好きなのかという日常感覚を説明したことにはなりませんし、そもそも、そのような感情を物質の反応として説明してもしかたがないでしょう。

そうは言っても「科学時代」である現代は、ほとんどの人が科学的説明をよしとします。科学は苦手と言う方ほど、ＤＮＡで説明されることを期待しているようですし、科学の限界をよく知っているはずの科学者もすべてを説明することが科学的であるかのような態度を取っています。最近では教育への関心が高いので、遺伝子や脳の研究を教育と結びつけて語る例にしばしば出合います。「ヒトゲノムという私たちの体を作っている遺伝情報がすべて読み取られた。一人ひとりの差は、もって生まれた遺伝子の組み合わせの差だ」と言って、その情報に従って、伸びる子を伸ばす、ついていけない子を救うことが大切だという発言が聞かれます。さらには「いずれ就学時に遺伝子検査を行い、それぞれの子どもの遺伝情報に見合った教育をするかたちになります」という発言が科学者からなされたりするのです。伸びる子を伸ばす、ついていけない子を救うことは教育として悪いことではありません。しかし、それは遺伝子で説明することではなく、日常の中で見ることでしょう。その中で、先生がこの子はこう教えようとかこうすればよくなりそうだと感じたとき、おそらく生徒にもその気持ちが伝わり、教育効果が出るはずです。遺伝子を検査してあなたはこうだからこうですと言われて、元気が出るものではありません。教育は、測定可能な一次性質ではなく、感覚と感情の関わる二次性質の方にこそ重点を置くべき場面ではないでしょうか。科学ではなく日常です。しかもここにはさらに大きな問題があります。「遺伝子の検査を行いそれに見合った教育をする」といっても、具体的にその遺伝子情報とはどんな情報で、それに見合った教育とはどんな教育なのかはわかりません。「科学」と言うといかにも正しく緻密であるかのように聞こえますが、実は遺伝情報とかそれに見合うとかいう言葉の中身はまったくわからないのです。ところが、これはとても科学的に聞こえるので、科学的なことはよいことだという判断のもとに何かが行われてしまうのですから恐ろしいことです。

実は〝遺伝子〟について考えることで、科学はどのくらいのことを明らかにできるのか、それを日常に重ね描きするにはどのようにしたらよいかということは、生命科学研究の基本テーマです。私はその一つの答としての生命誌とそれを考える場としての研究館を始め、このテーマを追っています。そこで、遺伝子を特定の性質を決めるものであると受け止めたり、それですべてを説明しようとすると、日常を壊す危険があるので、日常との重ね描きとはどういうことかを少し丁寧に考えておきたいと思います。

ゲノムを単位として

まず、DNA研究が明らかにしたことで、私たちにとって最も大事なことは何かと考えます。繰り返し述べたように、地球上には五千万種とも言われる多様な生きものが暮らしているけれど、一つの例外もなくDNAを基本物質としているということ、これこそ最も重要なことです。

ＤＮＡは必ず細胞の中に入っていますから、まずは生きものはすべて細胞でできており、その中に入っているＤＮＡが、生きることを支える基本としてはたらいているということです。これが生きもの全般に普遍性を見ることを可能にしてくれます。平たく言えば皆仲間ということです。

細胞は構造としても機能としても生命体の単位です。そこで、細胞にそのような性質を与えている基本物質であるゲノムは「生命子」と呼べるＤＮＡの基本単位です。生命子は私が勝手に造った言葉ですが、これにはかなりの思いを込めています。ゲノム（genome）は遺伝子（gene）が集まって一つの塊になって存在するものという意味をもつ言葉です。ここには、ＤＮＡを対象としたとき、その単位は「遺伝子」であるという考え方が基本にあります。けれども前述したように、生きているという現象を支えるのはゲノムであり、どこかが欠けたらその生物ではないのですから、これを単位とする方が自然です。自然界にＤＮＡが存在するときは、ゲノムという形でしかあり得ません。イヌが歩いていれば、そこには必ずイヌゲノムがあり、バラの花が咲いていればバラのゲノムがあります。自然界では遺伝子はゲノムの一部として存在するのであり、遺伝子を個別に見ることができるのは実験室の中だけです。遺伝子でなくゲノムを単位とするということは、あるがままの生きものを見るということです。

実験室と自然との乖離の一つとして、階層性の問題があります。ＤＮＡやタンパク質という

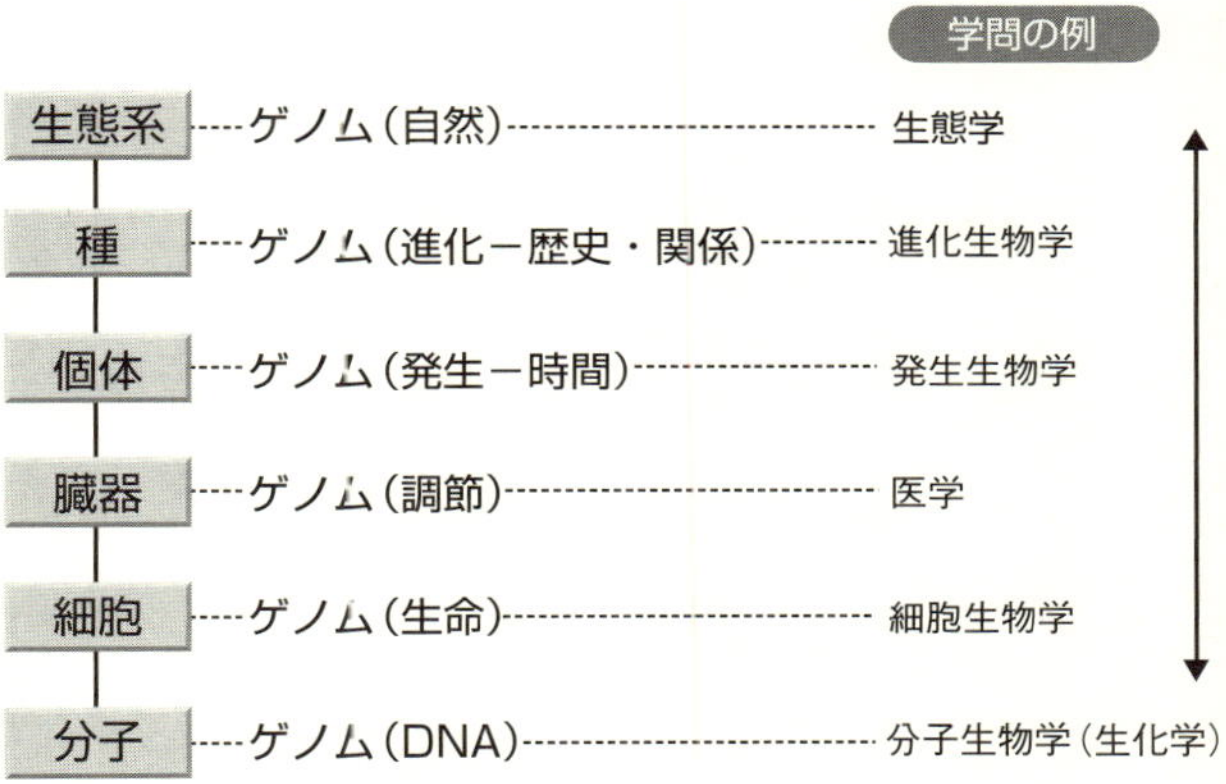

図2　ゲノムによる階層性のギャップの解消

分子、それが作る細胞、その集合である器官や臓器、そして個体、種と、皆つながっていながらその間にあるジャンプが存在します。細胞には、ただ分子を集めただけとは異なる細胞としての性質があります。そして研究者も分子の研究と個体の研究では方法も考え方も違うというのが普通です。ところでゲノムは興味深いことにDNAという分子でありながら、細胞という性質を生み出す分子です。個体の特徴を出すものでもあり、ヒトという種を語るものでもあります。お団子の串のように分子から種まで、階層を貫くのがゲノムです。ここでは階層の重ね合わせがあり、これは日常の見方とも重なります。

いまや生命体を知るには、遺伝子を単位とするのではなくゲノムを単位とするという、パラダイム転換が起きているという認識が必要です。

ゲノムを知るには、まず人間の手で解析したヒトゲノム塩基配列から遺伝子の構造とはたらきを知ることが基礎作業になります。ヒトという生命体がどのような構造をもち、どんなはたらきをしているかを知ることにつながるからです。しかし、ゲノムの塩基配列の中に書き込まれているのはそれだけではありません。ゲノムには、それぞれの生きものがどのようにしてその生きものになってきたかという歴史と生きもの同士の関係とが書き込まれており、さまざまな生きもののゲノムを比較することによって、それを知ることができます。

一方、ゲノムが自らを解読する過程、つまり個体発生を追うことにより、生きものの体づくりとそのはたらきを解明し、生きている様子を直接知ることもできます。この過程で、体を作るさまざまな臓器や組織のはたらきがわかりますが、それぞれのはたらきは、ゲノムだけではなく外部からの刺激（物理的な刺激はもちろん、心理的な刺激も）との組み合わせで決まるものです。臓器の中でも人間の脳はとくに、環境により変化する可塑性が大きく、しかもそれは意識、さらには心との関連で特別の関心を惹きます。

そこで、二十一世紀の生命研究は、「ゲノムの時代」と言われる一方で、「脳の世紀」とも言われます。ゲノム研究が大事か脳研究の方が重要かというものではなく、両者を共に考えていかなければならないということです。こうして、生命体をあるがままに捉え、この地球上の生命体すべてとつながり、自然の一部であるヒトでありながら、「よく生きる」ことを考える人間とは何かという問いが生まれてくるのです。DNAを知ったことによって生まれてきたのは、この大事な問いであり、遺伝子のはたらきで人間を決めつけることではありません。これが基本です。ゲノムと脳を総合して考えていくと、環境に眼を向けなければならなくなりますし、言語について考える必要も生まれます。美とは何か、善とは悪とは、徳とは何か……意識とは、心とは……そもそもこのようなことを考える私とは何かというところにまでつながります。くどいようですがこれらを遺伝子で説明しようとするのとゲノム全体で考えていくのとでは、生きものに対する態度が違います。ゲノムとして見るということは丸ごとのヒトを、さらには人間を見ることになりますから、すぐに答が出るものではありません。さまざまな重ね描きをしながら考える。それを楽しむ姿勢が大切です。

遺伝子は生きるためにはたらく

ゲノムを単位とするといっても、その部品としての遺伝子のはたらきや性質を知ることがゲノムを知る手がかりになるわけですからまずそれを見てみましょう。

遺伝子は、あらゆる生物がもっており、どの生物も必ず行っていることは生きるということ。つまり遺伝子の基本的役割は「生きている」というこの魅力的な現象を実践することだと受け止めるのが最も正確です。それなのになぜか多くの人は、遺伝子はある特定の性質や能力を決めるためにあるかのように思いがちで、そこにずれが生じます。日常と科学の重ね描きをするなら、遺伝子が描き出すのは「生きていること」。実は、特定のはたらきに注目してもあまり遺伝子の特徴は見えてこないのです。

最近では遺伝子や、遺伝子という意味でのDNAが日常語として使われるようになりました。「この街のDNA」とか「これはどうも私のDNAがこうさせているらしい」とか、手元の雑誌をパラパラとして見つかった言葉です。DNAの二重らせん構造の美しさとその構造ゆえの見事な機能に惹かれてこの道に入って半世紀近くになります。DNAと言ってもキョトンとされるという時代が長かったので、これほど社会に浸透してきたことはうれしいのですが、一方、何でもDNAや遺伝子で解決できるように乱暴に語られるのを聞くと、そうではありませんよと口を挟みたくなります。遺伝子を個別に取り上げて、そのはたらきを強く意識しても、そこからは生きていることの面白さはあまり見えてこないものです。

遺伝子という概念を考え出したのはメンデルです。親から子に性質が伝わることは古くから知られていましたが、それがどのようにして伝わるのかはわかりませんでした。ある性質をもつ因子（エレメント）があり、それが親から子へと渡されればよいのだということを、エンドウマメを使って実験したのがメンデルです。エンドウの背の高さや、できるマメに皺があるかつるつるかという性質を用いて親から子への性質の伝承のしかたを解明し、そこで発見した遺伝の法則が二十世紀初めに正しく評価され、遺伝学という学問が生まれたのです。

メンデルが element と呼んだものは gene と呼ばれることになり日本語では遺伝子と訳されました。こうして背の高さのような一つの性質（表現型）が一つの遺伝子（遺伝型）で決まるという見方が生まれ、それが、エンドウマメだけでなく人間でも同じだということで注目されたのです。

実は、一つの遺伝子が背が高いというような一つの形質（性質を表わす遺伝学の言葉）を決める、もう少し学問の言葉にするなら、遺伝型と表現型が一対一の対応をしているという例は、それほど多いわけではありません。メンデルは運よく、または根気よくそのような例を組み合わせ、見事な結果を出したのです。

しかもエンドウについて私たちは、背が高いか低いかということを大雑把に見ることができますが、人間の場合、一センチ大きいか小さいかも気になります。たとえ背の高さを決める遺伝子があったとしても、そこまでは遺伝子の関わるところではありません。しかし、遺伝子が性質を決めると考えることが科学的とされていると、わずかな差まで遺伝子で語ってしまいがちです。しかもそれを、背の高さのような、眼に見える物理的な事柄に止めず、好奇心などという抽象的な性質にまで広げ、それを遺伝子で説明する傾向も出てきました。好奇心の遺伝子をもっているかいないか。そんな眼で遺伝子を解明してそれを教育に活用したりするのは間違いでしょう。科学が進歩するとは、説明できることが多くなることだという思い込みがありますが、研究が進むほどに、わからないことが増えると考えた方がよいかもしれないのです。

遺伝子という言葉の問題

遺伝子というと運命論や決定論など、決めつけられるものと受け止められがちですが、その理由の一つは「遺伝子」という言葉にあると思うのです。英語では、遺伝という日常語は heredity であり、遺伝子は gene、遺伝学は genetics とまったく別の言葉です。gene という言葉がどのような経緯で選ばれたはわかりませんが、この文字を見て思い起こすのは genesis です。この最初の文字を大文字にすれば、旧約聖書の「創世記」、つまり創出するという意味の言葉であり、もしこの意味をもたせたのだとしたら、とてもよく考えられていると思います。

日本語の「遺伝子」は創出とは結びつきにくい言葉です。遺伝子のはたらきがわかればわかるほど遺伝子という訳語は適切でないと思います。

DNAは、精子と卵を通して子どもに伝わっていくので、親から子へと性質を伝えていくことは確かです。しかし、精子と卵の合体によって生まれた受精卵からは、一つの個体が生まれ、それが一生を暮らしていく。それを支えるために一時も休まずにはたらくのがDNAなのです。

このときDNAがどのようにはたらくかが、生きていることそのものを支えるのであり、このときのはたらき方を知ることが、生きものを知ることにつながります。日々の食べものを消化し、体を作る材料を得て、新しい細胞を作るのもすべてDNAのはたらきなら、古い細胞を処理するのもDNA。gene の中にある「創出」という意味にふさわしく、どんな個体を作り出していくかという楽しみが、この中には含まれています。親から受け取ったことによってすべてが決まっていくというイメージの強い、遺伝子という言葉ではこの感じがうまく出ないのが残念です。

中国語では gene という英語の音も考慮して「起因子」という言葉を造ったと聞いて、さすが漢字の国中国と感心したのですが、遺伝学を日本から学んだために、近頃では日本語の遺伝子が使われることが増えたようで残念です。漢字のもつ意味としては、起因子は、とても gen-esis に近いので、むしろ、日本語を起因子にしたいくらいです。親から受け取ったものはもちろん特定のものですが、それはその個体のありようを頭から決めてしまうものではなく、そのはたらきを調べれば調べるほど、遺伝子とは何かということがどんどん曖昧になっていくというのが実感です。研究が進むほどわからないことが増えると書きましたが、まさにそんな感じです。

「○○の遺伝子」はない

遺伝子のはたらきの曖昧さには、環境に応じてはたらくという一面もあります。それを知るために一卵性双生児の研究が精力的に行われました。一卵性双生児は同じゲノムをもつ二つの個体だからです。研究によって結果は少しずつ違うのですが、おしなべると、もちろん遺伝子のはたらきで基本は決まるけれど、環境によってはたらきが違い、性格などもかなり違ってくるという、当たり前の結論になりました。遺伝子のはたらきが表に出てくるときは環境を通してであり、環境の影響は遺伝子のはたらきを通してであるという大量のデータを用いた研究結果が日常の感覚と重なったので、科学こそすべてという見方からすると拍子抜けする話ですが、重ね描きとしては見事です。

DNAでは、A、T、G、Cという四種の塩基が鎖状に並ぶことがわかったとき、研究者は、この並び方が体をはたらかせるための暗号になっているだろうと考えました。具体的には、その配列がアミノ酸の並び方を決め、タンパク質の構造やはたらきを決めるに違いないということでした。さまざまな仮説と実験の結果、塩基三つの並び（コドンと呼ぶ）が、アミノ酸を決めること、しかもコドンは原則としてすべての生物で共通であることがわかりました。これこそ現代生物学の基本中の基本です。共通性はここまで徹底しているのです。そこで、DNAの中でコドンが並んでいる部分、つまりアミノ酸を並べてタンパク質を作る部分を遺伝子と呼ぶことになりました。これで、遺伝子の本体とそのはたらきがわかったわけで、すっきりしたかと思いきや、すぐに問題が生じました。遺伝子が特定のタンパク質を、いつ、どこで、どれだけ作るかということが重要であり、DNAの中に、それらの調節に関わる部分が見つかりました。考えてみれば、この調節こそ生きものの生きものらしさと言ってよいわけですから、タンパク質を直接作るところだけでなく調節遺伝子も遺伝子と考えることになりました。

実は、DNAの中で実際にタンパク質の合成に関わっているところは、生物によって異なります。バクテリアはゲノムのほとんどがそのようにしてはたらいているのに、ヒトを含む脊椎動物では、それは全体の一・五パーセントという小さな数字で、調節遺伝子を入れてもヒトの場合、五十パーセント以下にしかなりません。最近明らかにされたゲノム解析の結果を見ると、図3（『Molecular Biology of the Cell』より）のようになります。DNAの大きさとその中に含まれるいわゆる遺伝子と呼ばれるものの数は決して比例していません。私たちの日常感覚での生きものとしての複雑さと、遺伝子の数は比例していない。たとえば、線虫は長さ一センチほどの単純な形をした生物で、頭、胸、腹がきちんと分かれ、六本の脚と二枚の翅をもつショウジョウバエの方が複雑な構造であることは誰が見ても明らかなのに、線虫の方がショウジョウバエよりも遺伝子数は多いのです。ヒトはとても大きなゲノムをもっていますがその中には三万ほ

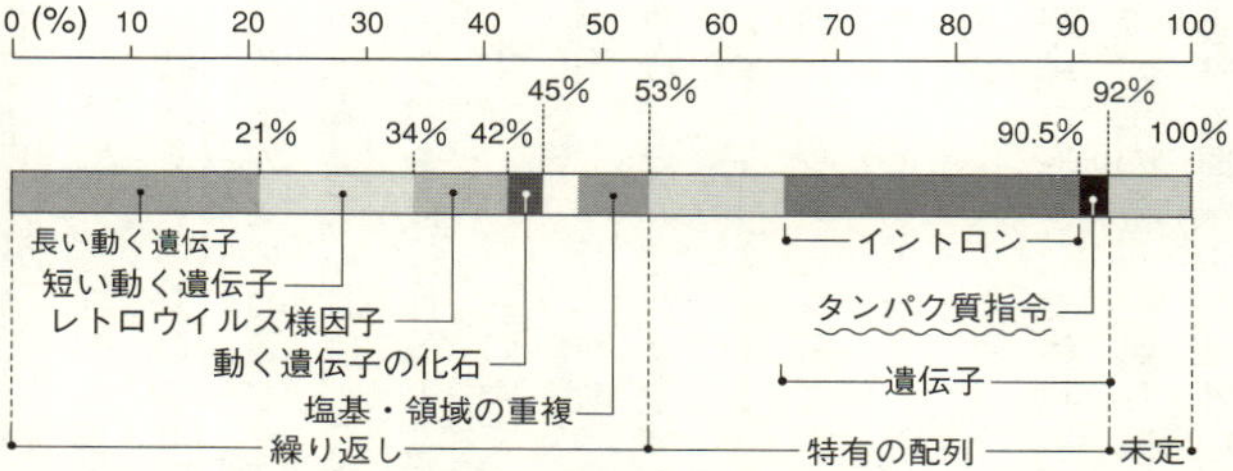

ヒトゲノムの32億塩基の配列を解析。その結果、通常遺伝子と呼ばれるタンパク質の合成を指令するところは1.5%とほんの一部であり、全体の50%以上がさまざまな繰り返し配列であることがわかった。このような構造をもつゲノムが私たちの体を作り、動かしていることがわかったが、タンパク質を作っていない部分がどのような意味をもつのか、これから考えなければならない。

（Alberts他、*Molecular Biology of the Cell*、Garland Pub、2002より作成）

図3 ヒトゲノムのヌクレオチド配列解析の結果

	ゲノムの大きさ（塩基対、単位千）		遺伝子数
ヒト	最も関心の高い動物	～3,200,000	～30,000
ショウジョウバエ	遺伝子研究のモデル	～137,000	～14,000
線虫	発生研究の一つのモデル	～97,000	～19,000
シロイヌナズナ	モデル植物	～142,000	～26,000
酵母菌	最も小さい真核生物	12,069	～6,300
大腸菌	DNA研究のモデル生物	4,639	4,289
枯草菌	納豆菌の仲間	4,214	4,099
マイコプラズマ	最も小さいゲノム	580	468

日常感じている生きものの複雑さと遺伝子の数とが、合致しないところが興味深い。ヒトの遺伝子も実際に解析してみたら思ったより少なかった。はたらき方で複雑さを出しているのだろう。これから調べていく必要がある。 （Alberts他、*Molecular Biology of the Cell*、Garland Pub、2002より作成）

表2 ゲノムサイズと遺伝子数

ど、つまり、線虫の約一・五倍の遺伝子しかないとわかったときはがっかりした人も少なくありませんでした。やはりヒトはとても複雑だと思っていますから。そこで、残りの部分はDNAとして何もしていないと言えるのだろうかという問いが生まれます。もしかしたら線虫とそれほど違わない存在だと思う方が正解なのかもしれませんけれど。

その問いに対しても、答が出始めました。これまではタンパク質づくりに直接関わっていないところをガラクタDNAと呼び、ヒトの場合、ガラクタの方が多いのですからゲノムとはおかしなものだと思われてきました。その中には、昔感染したウイルスの痕跡などもありますが、興味深いのは、動く遺伝子と言われる仲間がさまざまなかたちで入っていることです。しかもその入り方はヒトとマウスとでは違っています。そこにはどんな意味があるのか、遺伝子だけを見ていたのではわかりません。最近ガラクタと言われてきたDNAからたくさんのRNAが作られていることがわかってきました。DNAの中でアミノ酸を決め、タンパク質を作る、いわゆる遺伝子がはたらくときの情報の流れは、DNA→RNA→タンパク質。間にRNAが入っていることは、DNA研究の初期にわかった大事なことです。実は、DNAとタンパク質を中心とする現在の生物の形になる前は、RNAを中心にした生物界（RNAワールド）があったのではないかと言われています。そしておそらくガラクタとされてきた部分で作られているRNAは、ゲノムのはたらき全体の調節に関わっているに違いありません。このように遺伝子一つひとつではなく、全体でどんな風にはたらいているかということ、どんな風にして今のような姿になったのかということが少しずつわかってきており、とても面白い状況です。いかにも無駄が多そうな、そうかといって無駄と思ってきたものがまったくの無駄ではなさそうなというゲノムの姿は、生きものを見るときの私たちの日常感覚とよく合います。このように全体としての生きものらしさを楽しめるのがゲノム研究です。

遺伝子は、いつでもどこでも同じようにはたらくものかといえば、そうではありません。たとえばＰＡＸ６と呼ばれる遺伝子は、ハエとマウスで眼を作ることに関わることがわかり（今ではもっとたくさんの生きもので同じようなはたらきをしていることがわかっています）、マウスのＰＡＸ６遺伝子をハエの脚の先ではたらかせたら、そこに複眼ができたことは有名です。これはどういうことでしょう。ハエとマウスの眼は、構造もでき方もまったく異なっています。しかし、その形成の基本には同じ遺伝子が関わり合い、しかもそれはマウスの中ではマウスの眼、ハエの中ではハエの眼を作っています。ところが、マウスの眼を作っていることがはっきりしているマウスの遺伝子をハエの細胞に入れると、ハエの眼を作るというわけです。しかもハエの中で、通常は眼などできるはずもない脚の細胞でマウスの眼の遺伝子をはたらかせたら、そこにハエの眼ができた！

遺伝子は決して「眼を作りなさい」と命令しているわけではなく、決まったタンパク質を作るだけなのです。それがどこに置かれるかによって、行うべきことが決められるのです。また、本来それがはたらくべきではないところでも自分の出すべき情報を出し、しかも置かれたところの影響を受けるのです。なるほどと言えばなるほどですが、これはいったい何なのだと思えばそうも思えます。周囲の状況によって、つまり文脈の中ではたらき方を決めていく。郷に入っては郷に従い、しかし自分のやるべきことはきちんとやるというこのはたらき方こそ、生きものらしさなのです。これでは、ある遺伝子をハエの遺伝子ともマウスの遺伝子とも呼びにくくなりますし、単眼の遺伝子とか複眼の遺伝子という区別もつきません。置かれた場所に合わせて眼のはたらきをするものを作るという、ゲノム全体の中での役割を果たすのです。一個の遺伝子が独立してはたらくのではなく、ゲノム全体の中でのはたらきが決まるという生きものらしさが見えています。

「病気の遺伝子」もない

つまり、遺伝子一つを取り出して、「これは○○の遺伝子である」と言うのは難しいし、あまりそれには意味がないということになります。

遺伝子のはたらき方を考えるために、もう一つ例をあげます。

最近は多くの病気の原因を、遺伝子に求める研究が進んでいます。科学技術創造立国の中での生命科学研究の主流が、病気の研究に向けられているからです。

病気の遺伝子研究としてはやはりがんが先行しています。

すでに触れましたが、がん遺伝子の発見はちょっと劇的でした。膀胱がん細胞のＤＮＡの中にマウスの細胞をがん化する遺伝子があることがわかり、がん遺伝子の発見につながったのですが、驚いたことにこの遺伝子は本来細胞の中にある正常な遺伝子の暗号がたった一つ変化しただけのものであることがわかったのです。この遺伝子は細胞増殖のときに大きな役割をしますからそれが変化すると、増殖異常になります。その後、乳がん、肺がんなどさまざまながんからがん遺伝子が発見されましたが、それぞれ違っていて今では百ほどのがん遺伝子があります。がん抑制遺伝子も、これがあれば増殖や転移が抑えられるのにこれが変異すると細胞はがん化するということもわかりました。こうして発見されたがん遺伝子、がん抑制遺伝子と名づけられた遺伝子は、本来正常細胞の中で細胞増殖に関わっていた遺伝子が変化したものです。がんという病気から見れば、これらの遺伝子はがん遺伝子ですが、本来それらは、がんのためにあるものではなく、通常の細胞増殖を適切に進めるはたらきをもつ遺伝子群の一つです。病気の遺伝子はすべて病気のためにあるものではなく、糖尿病の場合など遺伝子はそのままなのに食生活が変化したために病気の遺伝子のようになってしまったものもあります。外来の病原体とは違うわけです。それでもなお病因探しは盛んです。統合失調症のような複雑な病気でも遺伝子研究が行われており、一九八八年に第五染色体のある部分に患者に特有の変異があることが見出され、話題になりました。ところがそれは他の研究者によって追試ができなかっただけでなく、他の染色体から次々と関連遺伝子候補があがり、関連のない染色体は二十一本中六本だけとなってしまいました。多くの遺伝子が関わっているらしいことはわかっても因果関係を知るのは難しいのです。遺伝子は本来生きていくためにあるのです。こちらの都合で勝手に病気の遺伝子とせずに、遺伝子が体全体のバランスの中でどのようにはたらいているか、どんなとき病気になるのかという広い視野から見る必要があります。生活面から見ることも大切でしょう。

水平移動する遺伝子

遺伝子のはたらきが「生きている」ことを支える様子を見ていくと、遺伝という言葉のもつ決定論的なイメージとはほど遠いことがわかっていただけたでしょうか。しかし、遺伝子が親から子へ伝わることは事実であり、その意味では決まりがあるのももちろんです。もっとも、これも絶対ではなくなってきているというちょっと興味深いエピソードを加えておきましょう。もちろん原則は親から子への垂直移動であることに変わりはありませんが、長い眼で見ると遺伝子には異種間の水平移動もあるらしいことが観察されています。

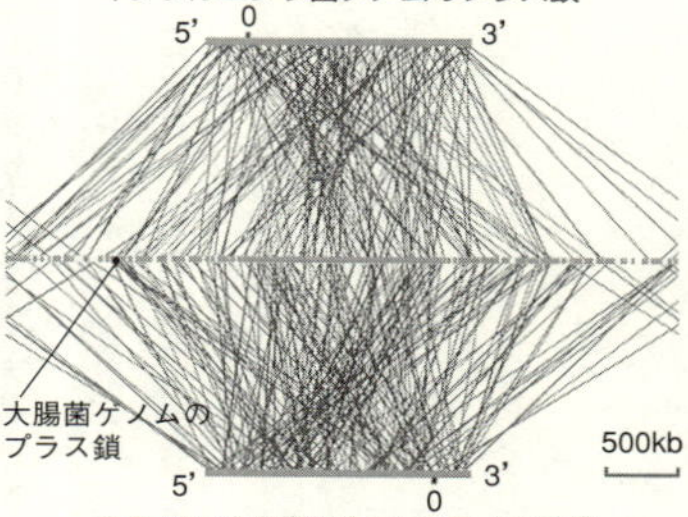

インフルエンザ菌と大腸菌の遺伝子配列の比較。中央の横線が大腸菌ゲノム（2本鎖の一方だけが示されている）。上下2本の線がインフルエンザ菌のゲノムを示す。両方の生物に受け継がれた遺伝子を線で結ぶと、線は複雑に交叉した。二つの種が分岐した後、それぞれのゲノムで、遺伝子の並び方が大きく変化したことが一目瞭然だ。
（Watanabe, H et. al. *J. Mol. Evol.*, 44. S57-S64〈1997〉より改変）

ヒトの鼻粘膜に付着したインフルエンザ菌
（*Haemophilus influenzae*）（©SPL/PPS）

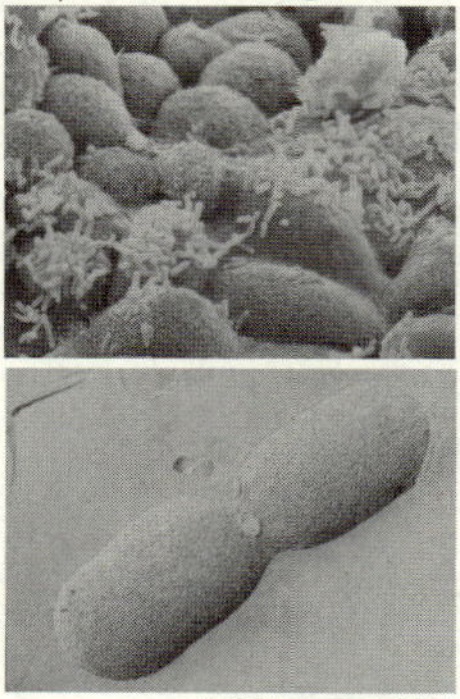

分裂途中の大腸菌
（*Escherichia coli*）（©SPL/PPS）

図4 ダイナミックに変化するゲノム（季刊「生命誌」通巻29号、2001より作成）

よく調べられているのは、バクテリアです。今ではバクテリアのゲノム（塩基数が数百万程度）なら比較的簡単に解析できますので、すでに百種近くのバクテリアのゲノム解析が終わっています。それらを比較したところ、異種のバクテリア間で遺伝子が移動していることがわかりました。たとえば林哲也さん（宮崎大学）が大腸菌とインフルエンザ菌（インフルエンザ・ウイルスとは違う）という互いによく似たバクテリアのゲノムを比較したところ、予想に反したことがわかりました。大腸菌のゲノムは塩基数四百六十四万、その中に約四千三百個の遺伝子があり、インフルエンザ菌は塩基数百八十万とだいぶ大きさが違います。しかし、単細胞生物として生きている点では同じで、もっている遺伝子には基本的に同じものが多いので、この二つのバクテリアのゲノム上で、同じ遺伝子がどこにあるかを比較したところ、よくぞこれほど動いたというほどゲノム内での位置が移動していたのです。

なぜこんなことが起きたのか。両方とも三十億年近い歴史をもっているわけですから、その間にゲノムの中には塩基の重複や欠失、変異、外からの遺伝子の侵入（これにはウイルスの侵入も含まれる）など、さまざまな変化があったでしょう。もちろん環境も大きく変化しましたから、その中で生き残るためには、これだけの可塑性（柔軟さ）が必要だったということです。サンゴでもそのような可能性があることを、服田昌之さん（お茶の水女子大学）が示唆しています。サンゴは海の中の植物のように見えますが、れっきとした動物（腔腸動物）です。初夏の満月近くの夜に卵と精子を一斉に放散する見事さは有名ですが、生物学的には少し気になります。さまざまな種が隣り合っているところで、この一斉放卵と放精が起きたら、雑種ができてしまうだろうということです。

事実、服田さんがDNA分析をしたところ、形状がかなり異なるサンゴの間でも雑種ができ、その雑種を通してDNAが移動していると考えられるデータが出ました。実は種が分岐と融合を繰り返して進化する網目状進化があるということは、サンゴ礁の観察から言われており、DNAで確認すれば、網目状進化の中で遺伝子の水平移動が見られるはずだと考えられていました。

ヒトのゲノムでも図3で見られるように動く遺伝子やウイルスの痕跡が大量に存在しています。ゲノムのかなりの部分は、いつか水平に入ってきたDNAであることはここでも見られるのです。

これまでは、異種間では遺伝子は交わらないとされ、組換えDNA技術によって、ヒトの遺伝子を大腸菌の中に入れることが可能になったときは、大騒ぎになったものでした。「種の壁を超えるとは、自然の摂理を超える業であり、神をも畏れぬ暴挙」と言われたものです。自然界で見られる種を超えての移動は、数十万年、数百万年、数千万年、ときには数億年という時間の中でのものであり、しかも移動の後の選択の結果、残ったものを見ているのです。人間の技術によって短時間で遺伝子を移してできた生物の、自然界の中での位置づけには慎重にならなければならないことは当然で、どんな風に遺伝子を移しても構わないということにはなりませんが、遺伝子は水平にも移動するのであり、決定論的なイメージは、むしろ遺伝子らしくないと言えます。

「私の遺伝子」もない

よく耳にするのが、「私の遺伝子」という言葉です。

遺伝子は確かにそれぞれ固有の機能をもちますが、一つの遺伝子が一つの表現型に直接つながることはほとんどなく、それがどのような場でどのような関係の中ではたらくかによって、表に出てくる性質は変わってきます。

さらには、環境まで加わると、そのはたらきはより多様になります。また、ある機能をもつ遺伝子——たとえば眼の形成に関わる遺伝子——は、さまざまな生物の中ではたらくことができ、それぞれの生物に合ったようにはたらくこともわかってきたわけです。

つまり、生物界にある遺伝子は、少しずつ変形しながらさまざまな生きものの中に散らばっているのであって、それがたまたまヒトの細胞の中に存在してはたらいているときには「ヒトの遺伝子」とされ、マウスの中ではたらいていれば「マウスの遺伝子」、ハエの中ではたらいていれば「ハエの遺伝子」ということになります。

ある遺伝子が、ヒトの中にあるということは、ヒトのゲノムの一部としてあるということ、マウスの中にあるということはマウスのゲノムの一部としてあるということであり、生命体を考える場合の基本になるのは、あくまでも「ゲノム」だと考えたのはこういう意味です。

リチャード・ドーキンスの『利己的な遺伝子』が出て以来生命体を遺伝子から見るという考え方がかなり広く受け入れられています。通常は、人間という丸のままを見ているのが当たり前ですから、そこでは、「私」という存在を重視します。私をかけがえのない存在だと思い、私の子孫の繁栄を願って生きているのが各人の日常ですが、科学の見方として、生きものは皆

DNAを遺伝子としてもっているのであり、個体はそれを続けるために存在するにすぎないというのが、ドーキンスの考え方です。

遺伝子は「自分を複製しなさい」という命令を出し、自己複製を続けて生き残るものであり、自分が生き残るために個体を乗り物として利用しているというわけです。もちろんドーキンスは、これを複雑な生命の一つの見方として語っているのですが、専門外の人には、この意表をつく説は魅力的に見えるようで、この考え方を面白いと思うと言う方が少なくありません。確かにこのように考えると「私」にこだわることもなくなるので、ある種の解放感が得られます。私も、初めてDNAの勉強をした頃には、このような受け止め方をしていました。地球上の生きものすべてがDNAを遺伝子としてもち、そのはたらき方まで同じだとすれば、人間という存在だけが特別であるわけもなく、あらゆる生きものとつながっていることは明らかです。しかもそれは、すべての生物が同一の祖先から生まれたものであることを意味し、生命の起源は三十八億年ほど前ということもわかってきているのです。私という存在が地球全体に暮らす五千万種とも言われる生きものたちと三十八億年という長い時間を共有していると思うと、時間的にも空間的にも驚くほどの広がりを感じ、その広がりをもたせてくれるのがDNA、つまり遺伝子でした。このとき味わった解放感は、今でも忘れられませんし、それは今も私の基盤となっています。

けれども、その後のＤＮＡ研究は、この解放感に止まらず、その先を考えることを求めています。ドーキンスは、進化学者であって分子生物学者ではないので、ＤＮＡは自己複製するものであり、遺伝子として見ればよいものというところで止まっています。それが解放感を与える一方、われわれは遺伝子の乗りものにすぎず、遺伝子によって操られているものという受け入れ方をされ、それがあたかも新しい生命観であるかのように語られるのは研究の現状とは合いません。ＤＮＡ研究を基盤に、少し丁寧に生きものを見ていくなら、遺伝子で生命を見るのでは生きものらしさを見誤ることになることは、これまで述べてきたさまざまな遺伝子の性質からわかります。遺伝子に還元して説明するというやり方は生命には合わないので、生命の基本にゲノムをもってきて、そこから生命観を組み立てていこうとはこれまで何度も述べました。ドーキンスの見方では不足であること、遺伝子からゲノムへと視点を移そうということは、『自己創出する生命』でも述べたことですが、当時は、遺伝子を独立させて単位として見ることは止めようという気持ちが、まだそれほどはっきりとしていませんでした。ゲノムを単位として見ようと言いながら、遺伝子にもかなり重点を置いていたような気がします。けれども遺伝子は関係の中にしかないということがはっきりしてきました。その関係は、ゲノムを単位としたときに、そこに見られる約束事（構造とか文法とか呼べるものです）であり、生命を知るためにはこの約束事を知ることが大事なのです。

元素・ゲノム・言語

遺伝子ではなくゲノムを単位とすると生命が見えてくるという視点を明確にするために、遺伝子とゲノムの関係をわかりやすくできる比喩を考えてみました。

例に用いるのは、元素と言語です。比喩はときに危険なこともあるので気をつけなければなりませんし、これは何か突拍子もない比喩のように聞こえるかもしれません。しかし、元素とゲノムと言語を並べることで、ゲノムのありようがよく説明できるように思いますし、もしかしたらそれは単なる比喩ではないかもしれないとも思っています。

というのも、この三つはそれぞれが物質、生命、人間という世界の基本をなしており、しかもこの三つは、底ではつながっていながら、それぞれ特有の性質をもつという関係にあるからです（図5）。

まず、元素について考えます。水素、酸素、炭素、窒素……百ほどの元素が存在し、その組み合わせで宇宙に存在するすべての物質ができています。元素には規則性があり、周期律表で整理できるのですが、それぞれに独自の性質があり、それぞれの元素の原子は、その性質を活かして分子を形成し、分子と分子の反応により世界の中での物質のありようを決めています。

たとえば、水素という元素の原子は、酸素と結合してH_2Oとなれば水、C_2H_5OHというかた

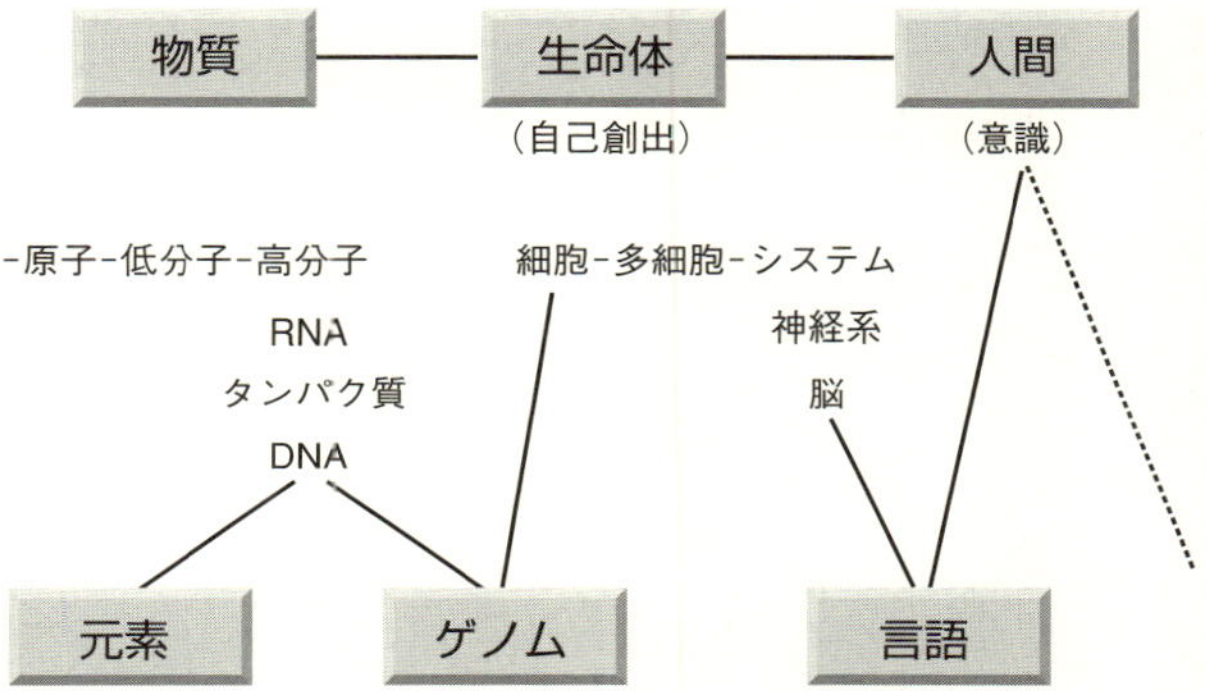

物質、生命体、人間は、科学により連続性が明らかになったが、完全な連続ではない。

図5　元素・ゲノム・言語

ちで炭素や酸素と結合すればアルコールとなります。CH_4というかたちで炭素と結合したらメタン。水とアルコールは常温では液体ですが、メタンは気体です。同じ液体でも人間が飲んだとき、アルコールでは酔っぱらいますが、水で酔っぱらう人はいないでしょう。というわけで、水素がどんな元素と組み合わされるかによって、でき上がった分子のはたらきはまったく違ってきます。

原子にも、たとえば亜鉛、水銀などの金属元素のように、個性が強く、どのような組み合わせの中でも本来の性質を強力に発揮するものもありますが、それでも他の原子との組み合わせがどのようなものであるかが意味をもつことに変わりはありません。

つまり、一つひとつの元素の性質は重要であり、原子は原子として存在しますが、実際の物質としての意味は個別の性質よりは分子になったときの全体の組み合わせがどのようなもので、全体としてどうはたらくかというところにあるのです。重要なことは、この組み合わせには規則性があり、それが物質のありようを決めているということです。水素は水になったりアルコールになったりしますが、酸素との結合は、水素二つと酸素一つという関係です。炭素の場合は水素四つと結合できます。このような数の約束は必ず守ったうえでいろいろな組み合わせが生まれ、いろいろな分子が生まれるのです。この宇宙にある物質はすべてこの有限の元素の組み合わせでできており、従ってすべてが関係をもっているわけです。

言葉についても同じことが言えます。単語があり、それで文が作られるのですが、単語は常に文全体の文脈の中で意味をもちます。たとえば、「好き」という単語は、それ自身意味をもってはいますが、どんな主語と目的語を取るかがわからないと、本当の意味は見えてきません。「私はアイスクリームが好き」とか「○○ちゃんはピアノを弾くのが好き」という文は日常会話として聞き流せますが、「戦争が好き」などとなれば、耳を疑わざるを得ません。言葉も単語が単位なのではなく文が単位であり、重要なのはその文を構成する規則、つまり文法です。そして、その文法に従って並んだ単語は、ほぼ無限と言える表現を可能にしながら相互に独立ではなく関連して存在しています。

これとまったく同じことが、遺伝子とゲノムについても言えます。確かに遺伝子は存在し、ゲノムはそれで構成されており、遺伝子一つひとつは、それぞれに独自のはたらきをもってはいますが、ゲノム全体の文脈の中でこそ意味をもってくるのです。そして重要なのは、ゲノムのもつ構造、別の言い方をするなら、ゲノムがどのように構成されているか、どのように読み解かれていくかという約束事、文法です。それを知ることは、生命とは何かと考えるときの一つの切り口になるに違いありません。一方、言葉の約束事が人間とは何かという問いとつながっているのではないかと思い、この二つを並べて考えています。生きものは物質でできていることは科学が明らかにしました。とはいえ、生命あるものということでは特別です。それを支えているものとしてゲノムがあるわけです。また人間は生きものの一つですが、多様な種の中での人間の特徴があり、人間を人間たらしめているものは言語でしょう。ですからここであげた例は、単なる比喩を超えているのです。物質を支える元素（原子）、生命を支えるゲノム、人間を支える言語を並べて、そこにある約束事を考える。ここからすぐに何か結論を出すのは難しいし、もしかしたら無意味とわかるのが落ちかもしれません。しかし、自然を知るということはそれを構成する要素を知ることではなく、自然界の作り上げ方を知ることであると思っているので、そのことがこの辺からわかってこないだろうか、妄想かもしれませんがそう考えています。

物質については、周期律表があり、それによって、さまざまな元素がどのような組み合わせではたらくかを予測できるようになっています。もっともそこからどのような物質ができるか、それがどのような性質をもつかのすべてがわかるわけではありません。フラーレンなどという物質は、思いがけない発見でしたし、ＤＮＡだって今では当たり前になりましたが、初めてその構造を見たときは、こんな構造のものがあるのかと驚いたものです。物質でも遺伝子でも、それほど多くはないものの組み合わせで、面白い性質がほぼ無限と言ってよいほど生まれてくるところが魅力です。自然界の面白さです。周期律表は、未発見の元素を予測しました。物質界が基本的には法則で語れるのはこの決まりがあるからです。

ゲノムと言語については、周期律表に相当するものはありません。言語は、普遍文法という考え方で世界中にある六千種とも言われる多様な言語を整理、分類し、それらに共通する文法を探る作業が行われています。ゲノムも数万種類あると思われる遺伝子の組み合わせは、どのようになされてその結果どんな特徴が出てくるのか……そういう問いを立てて「生命子」としての性質を探さなければなりません。生命体というまとまりがある以上、そこに何か約束事、文法はあるはずだと思います。

ここでまた、行き過ぎになることを恐れながらも言語とゲノムを並べて考えてみます。何かを言葉で伝えたいとき、単語は大事ですけれど、表現は単語だけではありません。身振りや声の調子などのすべてが合わさって表現されるものです。ゲノムの場合も、すでにあれこれ述べてきた遺伝子の性質を見ると、確かに遺伝子によって基本的なことが決まるという点で単語のもつ意味が中心になって表現されるというところと重なります。しかし、ゲノムの中の九十五パーセントを超えるDNAは、身振りや声の調子や速さなどに相当するたくさんの表現に重なっているようです。それらが統合されて生きているということになるのです。しかも、「生きている」ということはゲノムだけで決まるものではありません。遺伝子に還元するのではなく、ゲノムのさまざまな方法を用いた表現に注目すると、これまで述べてきた遺伝子のさまざまな性質は、まさに〝生きる〟というダイナミズムを支えているものだということがわかります。ここから見えてくるのは「矛盾を抱え込み、それゆえに生まれるダイナミズム」です。こうまとめると堅くなりますが、日常を考えてみれば、生きるということはこういった感覚そのものではないでしょうか。規則をもちながら、これだけの多様性やダイナミズムを生み出すことの面白さの実感こそ日常との重なりを意識した研究の意味だと思います。

次への模索

ヒトゲノムは塩基が三十二億も並んでおり、ゲノム解析を始めた頃は一回に六百塩基ずつ解析していくという方法しかありませんでしたから、すべてを解析するなど夢のような話でした。

しかも莫大な費用と人手をかけてそんなことをするのは、科学ではないという雰囲気がありました。

しかし、いったん始まってみたら、解析技術が向上したこともあり、当初の予測よりも早く、二十世紀末には解析が終わりました。二十一世紀はゲノムの時代と呼んでもよいという状況になったのです。この間、科学研究のあり方、研究者間のかけ引き、国家間の関係、企業間の競争など、非常に興味深い動きがありましたが、それについてはたくさんの書物があるのでそれを読んでいただきたいと思います。

生命誌を考え出し、生命を考えるにはＤＮＡの単位はゲノムであるとすることが大切であると提案したときには、まだ研究者間では素直には受け止めてはもらえませんでした。けれども、ヒトゲノムの塩基配列解析プロジェクトが一応終了し、それと並行して行われてきた他の生物たちのゲノム解析（大腸菌、枯草菌をはじめとして百種近いバクテリア、酵母菌、線虫、ショウジョウバエ、シロイヌナズナなどのモデル生物の他、ホヤ、イネ、メダカなど次々解析されています）もかなり進んできた現状では、多くの人がゲノムに注目するようになってきました。

素晴らしい！　長い間ゲノムを考えてきた者としては、研究が具体的にそこまで来たことで次の展開が楽しみになりました。解析を進めるには、ひとりやふたりの意識改革では無理であり、国際的なプロジェクトが動き、企業までもがそれに加わっての厳しい競争があって初めて可能になったことなのですから。それに、ゲノムにはそれだけの可能性があるのですから、研究の主流がゲノムになったのは当然です。では、次はどこへ行くのか。これはとても難しい問いであり、真剣に考えなければならないところです。学問とは面白いもので、急速な進歩を遂げ、最も大きな成果を上げているように見えるときこそ、内部ではとても面倒な、次への模索が行われているときなのです。

遺伝子に注目し、そのはたらきを活用して医療や薬品生産に結びつけるだけでなく、ゲノムが人間を生きものとして見るという視点を与えてくれたのですから、これを契機に生きものを基本に考える社会という方向へ進まなければもったいないと思います。そうです。もったいないというのが今の気持ちです。遺伝子のさまざまな性質を述べ、さらには元素や言語をもち出して遺伝子とゲノムの関係を考えたのは、ゲノムで考えていくと私たちが日常〝生きている〟ということに対してもっている気持ちと重なると思うからです。科学を科学技術として役立てこうとだけせずに、私たちが大切にしている、生きているということをより深く考えるときの有効な素材として「役立てる」のも悪くないでしょう。科学を日常と重ね合わせると言われても、あまりにも分析的な成果や数式で表現された研究では難しく、つい、科学の方が上等なのではないかと引きずられ、科学的であろうとしてしまいます。ゲノムは、調べれば調べるほど、曖昧さとか、わけのわからないところが出てきて親しみが湧きます。研究者からこのようなメッセージはほとんど出されていませんから、専門外の方はちょっと戸惑われるかもしれません。大森荘蔵先生が、色の物理学も、植物生理を研究する生物学も、夏の朝に咲く紫色の朝顔に暑さを忘れるという日常の上に重ね描きしていけばよい、とおっしゃったことが今になってよくわかってきたのは、おそらくゲノムという、科学と日常を実際に重ね合わせてくれるものに出合ったからだと思います。

生きものを遺伝子に還元して説明する遺伝子決定論が優勢な中での生命科学では、日常と重ね描きしようと思っても難しいのですが、生命誌なら科学と日常を同じものとして重ね描きができます。もちろんこれから考えなければならないことはたくさんありますが。

自然も人間も一つ

このような見方をしていくと、「重ねる」という言葉で考えなければならないことが二つ浮かび上がってきます。一つは、自然の見方、もう一つは人間の見方です。

まず、自然について考えます。人類は自分を自然の一部として見ていました。今でもそう思っているのではないでしょうか。私は今東京と関西での二重生活をしており、ありがたいことに、京都の家の窓からは東山から昇る太陽を眺め、東京の家からは、富士山がシルエットとして浮かぶ中真っ赤な夕陽が沈むのを眺めることができます。日々繰り返される光景ですが、繰り返されるようであって毎日少しずつ変わっていくこの光景は、とても印象的で好きです。このときは地動説かどうかなどということはどうでもよく、自然の中にどっぷりと入り込むだけです。日常の自然とはこのようなものです。

ところで、現代社会は独自の自然観をもつ科学とそれを基盤に置いた科学技術が作り上げたものです。そこでは、自然は機械のように因果関係の中で理解され、利用され、克服される対象になっています。私たちは、親しむ自然と克服する自然を上手に使い分けてきました。都会での生活は、空調の効いた高層ビルでコンピュータを駆使して仕事をし、自動車や地下鉄で移動をし、家庭でも多くの家電製品に囲まれて暮らすなど、自然と接することはほとんどありません。そのうえ夏は暑く冬は寒いので空調で快適に暮らそうとすれば、そのためのエネルギーは、石油や天然ガスなど自然から取り出したものから得るわけです。つまり生活のほとんどは面倒な自然から離れており、自然は利用するだけのものになっています。自然は克服するもの、利用するものでしかありません。とはいえ、このような都会生活を快適と思う人びともやはり生きものなのでしょう。毎日の生活に疲れたときには山や海に行って遊んだり、温泉で体を休めたりします。豊かな緑の中に身を置いてホッとして、自然は素晴らしいと感じるのです。ところが、科学技術が急速に進展し、多くの人がそれを享受するようになるにつれ、克服する自然とやすらぎのための自然を分けることに問題が起きてきました。過度の自然破壊であり環境問題です。自然の懐の大きさに甘えて、何でも呑み込み、処理してくれると思ったのは間違いでした。また自然破壊や環境問題が科学技術によって解決できると思うのも間違いだと私は思います。

よく考えてみれば、いや考えてみなくても自然は一つなのです。心を慰めてくれる自然と、面倒だから避けて利用するだけ利用しようとした自然とは同じものなのです。自然は一つというところに戻り、その中の生きものの一つとしての人間の生き方を考えるときが来ています。二つに分けてきた自然は重ね合わせなければなりません。

人間自身についても考えなければならないことがあります。体と心の問題です。自然の見方のところで問題になったのは機械として自然を見る、機械論的世界観です。このような自然の捉え方の大本にはデカルトの心身二元論があります。このようにして体を物質として解明してきたからこそ、今の生命科学があるわけで、私たちがゲノムを手にできたのもそのおかげです。その結果、脳科学の研究も進み、脳のはたらきと心の関係が語れるようになりました。心は脳のはたらきであり、脳科学が進めば心がわかるという研究者も少なくありません。でも心は独立して存在するものではなく、何か関係のあるところに生まれるものです。花が美しいと思うとか、ペットのネコが可愛いとか、もちろん人間同士の間の感情とか……。

それは体の反応をも含むものであり、脳は脳だけでなく体の一部としてはたらくわけです。

心とは何かということはわかりませんが、いずれにしてもゲノムが作り出す体の一部である脳のはたらきが心と深く関わり合っていることは事実ですし、脳のはたらきだけを体から離して考えることはできません。体の一部としての脳と心を別にせずに、これも重ねて考えていくことが重要でしょう。最近、認知考古学、文化人類学、精神医学などの研究が進み、体の進化と心の関係についても興味深い視点が出されています。生命誌の中にそれを位置づけるのは次の課題としますが、心身二元論を基本に進められてきた科学を基本にしながらも、心身を重ねて見る時代になったことは強く感じます。

現代社会はあらゆることを細分化して成果を上げてきましたが、分けてしまうと〝生きる〟ということは消えてしまいます。遺伝子に分ける、自然を二つに分ける、学問と日常を分けるなどそれぞれの意味を評価したうえで、すべて重ね合わせてみることができるときになっているのではないか。そこから〝生きる〟を考える新しい視点が出そうです。〝重ね描き〟の魅力に誘われて考えてみました。

第三章　考える——第二のルネサンス

変化する価値観

多くの人がどこかおかしい、何かを変えなくてはいけない、いや、実はすでに何かが変わりつつあるのだと思っているのに、実際に価値観を変えようとすると、それは最も難しいことだという答が返ってきます。確かに、そういう面もあります。けれども、人間の歴史を見れば、価値観は常に変わっているものだということはすぐにわかります。

たとえば、今私たちが当然と思っている「人権」という概念、つまり人間は皆等しく生きる権利をもっており、性別や人種、宗教など、何事によっても差別されてはならないという考え方が公《おおやけ》に認められてから、半世紀ほどしかたっていません。このような価値観が生まれたからといって、すべての人がそれを認めるわけではなく、認めても差別がすべてなくなるものでもありません。そこに人間の複雑さ、より日常的な表現をするなら業《ごう》のようなものがあるわけで、価値観のことを考えるときにはその複雑さを見つめなければなりませんが、価値観は変わるものであることも確かです。

私自身、一九四五年八月十五日を境に、昨日と今日とで価値観が変わるという体験をしました。まだ十歳、しかもかなり奥手でそれほど深く物を考えるところまでいっていませんでしたから、先生の話も教科書も変わってしまうふしぎさに戸惑いはしましたが、それほど心の傷は負いませんでした。でも友人の中には、あれで人間不信が植えつけられ、以来それを拭《ぬぐ》いきれないという人も少なくありません。変わるものでもあり変わらないものでもあるという組み合わせは生きものの特徴です。前章でさまざまな生きものの中での遺伝子のはたらき方を見たところ、遺伝子としてどの生きものの中でも同じようにはたらきながら、しかし変化していました。変わるといっても急に黒が白になるという変わり方は生きものにはありません。生命への回帰を考えることは矛盾や複雑と向き合うことでもあるという覚悟が必要です。

社会が変わるということで言えば、日本の現代社会の基本は明治維新で作られたと言ってよいでしょう。そのときのキーワードは「開国」、現在のグローバライゼーションの中での日本へと向かう一歩でした。その中で重要な役割を果たしたのが科学技術であることは、第一章で述べました。ですから、科学技術についても日本での変化を追い、そこから学び取ることも大事です。たとえば、明治時代、日本という国家がどのように生まれ、そこにどのような人がどう関わったかを描く司馬遼太郎作品が人気抜群ということは、多くの人にここに学ぶことが多いという意識があるからでしょう。ただここでは、日本に限らず、広く、現代文明そのものを見直してみたいと思うのです。

表1に示した大きな流れを見ると、中世から近代への移行が、科学、科学技術への道を作ったことがわかります。そして今、その近代から抜け出して、新しい〝生命の時代〟へ移行しよ

うとしているわけです。科学技術文明や生命や人間に関心をもって、科学や科学技術の誕生の場に眼を向けると、ルネサンスが見えてきます。こちらには塩野七生作品があり、これも大人気ですから、世界を対象にして変革を考えている方も少なくないのだと思います。私もルネサンスへの思いから読んだ塩野作品の影響を受けながら、現代を考えました。

第二のルネサンスへ

科学技術文明を問い直すという作業を、少々大げさに、第二のルネサンスと名づけてみました。大げさと言いましたが、一方では当時と今とはよく似ているという気持ちも強いのです。違うところは、ルネサンスのときに疑わなければならなかったのが神であるのに対して、今対象にすべきは科学技術だということです。

ルネサンスといえば、世界史の時間に、中世のキリスト教のもとで抑え込まれていた人間性を解放し、人間中心の近世文化へと転換した運動と習ったのを思い出します。人間讃歌、人間復興という言葉も教えられました。

ここで言う人間性の解放とは何でしょう。それは、神様のおっしゃることをすべてよいこと正しいこととして、教会での教えを疑うことなくそのまま受け入れるという中世ヨーロッパの生き方とは違う生き方をするということでした。そのためにすべてのことに対して「なぜ？」

という問いを立て、自分で見たり聞いたりしたことをもとに自分で考える必要が出てきました。まさにこれは、私たちが科学を通して行おうとしてきたことです。科学は「なぜ」から出発し、自分で考えるものですから（最近の科学は大きな流れに入り込んで自分で独自に問う場面が減っているのが気になりますが）、ルネサンス後に科学が誕生し、知として隆盛をきわめているのは、当然といえば当然です。自分で知り、考えたら、もちろん人はそれを表現したくなるでしょう。ルネサンスの場合、その多くは芸術作品として残されていますが、現代の科学が生み出した表現は科学技術になります。

ところで、塩野七生さんは、ルネサンスが遺したものとしてもう一つ大事なことを指摘しています。神様の教えをすべて信じなさいと言われていた中世には「悪魔」がいたと言うのです。悪いことはすべて悪魔が引き受けてくれますから、神様はすべて善、それを信じていれば間違いないわけです。けれども、人間が自分で問い、考えることになったルネサンス以降は、善と悪の両方を自分自身で背負わなければならなくなりました。善と悪、精神と身体、神と悪魔というように、私たちは二つに分けて考えるのが好きでその方が楽ですが、それらの全体を内にもっているのが人間であり、人間の複雑さのもとはここにあるのですから、人間を考えるとなったらそのすべてを考える必要があるわけです。

古代ギリシャ、ローマでは、大勢の神様が存在し、それぞれが善も悪ももつ存在でした。別の表現をするなら、とても人間っぽい神様たちだったわけです。ルネサンスが古代復興でもあるのは、このような意味をもっているわけです。善悪併せもつ人間として生きていくということになれば、当然のことながら自らの力で悪を抑え、できるだけよく生きるにはどうしたらよいかということが課題になります。ギリシャ哲学の基本である、ソクラテスの「よく生きる」という言葉には、このような意味があるのです。悪は悪魔のせいだとは言えないとすれば、自分で自分をコントロールする必要があるわけで、強い精神をもっていなければなりません。ルネサンスは精神のエリートによる運動だった。塩野さんはこう書いています。

人間復興とか人間讃歌などと言われると、人間は素晴らしいで終わってしまいそうですが、ちょっと考えてみればそんなはずのないことは当たり前で、ここに強力なコントロールが求められると指摘されればまさにその通りです。けれども今、科学技術文明の中にいる私たちが、こういった意識をもっているかと問えば、答はノーでしょう。生命倫理とかテクノロジー・アセスメントなど科学や科学技術の外側に制度などによる制御システムを作ろうという考え方はありますが、科学者や科学技術者も含めて人間自身が自己制御をする強い精神力をもたなければならないとは考えられていません。むしろこのような場に抑制をもち込むことは間違っているという考えの方が強いでしょう。科学は限りなく進歩するものだという発想で、科学技術は便利さを提供します。便利さとは、思い通りになることと、できるだけ早くできることの組み合わせですから、便利さを求めてきた社会では、やりたいことをどんどんやってなぜ悪いのかと言って、欲望を満足させる競争をしています。その結果、環境問題をはじめ、多くの問題が出てきたのです。それに対処するために科学技術は進めるだけ進め、社会としての制御機構を作ればよいというのが現在の考え方です。

しかし、それは本質的な解決にはならないのではないか。ここで問いたいのはそのことです。人間復興とは何なのか。そこでの人間とは何か。ルネサンスのときは古代ギリシャ、ローマへの回帰であったかもしれませんが、二十一世紀の今は、科学や科学技術との関連での人間について考えてみなければなりません。その場合の人間は、第一章ですでに述べたように、生きものとしての人間、五千万種とも言われる生きものの仲間としての人間です。

そこで、第二のルネサンスとして、現代の価値観をどう変えるかを考えていくわけですが、現代を考えるにあたって、塩野さんのルネサンスの捉え方を参考にしたいと思います。

ルネサンスの基盤

塩野さんは、通常ルネサンスはその芸術上の成果に注目するために、その始まりを詩人のダンテや画家のジョットーに置くけれど、この運動の基盤を作ったのは、宗教家の聖フランチェスコと神聖ローマ帝国皇帝フリードリッヒ二世だと指摘しています。ダンテやジョットーは十三世紀後半から十四世紀を生きた人ですが、ここであげたふたりは、十二世紀の終わりから十三世紀半ばまでの人です。つまり、通常ルネサンスとして教えられる時代より一世紀ほど早い。しかし、その解説を読むと、ここに注目することで、ルネサンスと呼ばれる社会の変化の本質が見えてくると思いました。歴史学では異論のある説かもしれませんが、今私が考えたいこととぴったり重なるので、この見方を学ばせていただきます。

聖フランチェスコとフリードリッヒ二世というふたりの活動のすべてがルネサンスの基盤と本質を教えてくれるものですが、その中で、とくに興味深かったのは次の二つです。聖フランチェスコは、教会によって権威づけられたキリスト教だけがキリスト教と思わずに、虚心に聖書に接すれば、キリストの教えは愛と優しさに満ちたものであるということを、人びとに思い出させようとしました。そのために、ラテン語で書かれているのが当たり前だった聖書と、ラテン語で行われてきた説教とを、当時は俗語とされ、宗教界では使われなかったイタリア語にしたのです。ラテン語の祈りは、ただ機械的に暗誦していただけの庶民も、日常語での説教や祈りになれば、自分で考えたり感じたりできます。信者の一人ひとりが自分の頭で考え、自分の心で感じることが聖職者による宗教の独占体制をつき崩すことになったのです。

これはまさに、現在の科学、科学技術について言えることです。科学の専門化が進めば進むほど、その分野に特有の学術語が生まれ、日常語からは離れてしまいます。しかもそれは独自のスタイルをもつ論文という形式で発表されます。日本の場合、日常語と学術語の乖離《かいり》はとくに激しいように思います。科学についての文章を読むとき、日本語よりも英語の方がわかりやすいと思うことがよくあります。それは使われている言葉が日常語に近いからです。

日本は、明治の頃にヨーロッパから科学が導入されたとき、学術語の訳語として、特別な言葉を造ったという歴史があります。漢学に詳しい友人にこの話をしましたら、翻訳をした当時の人は漢籍の素養があったので訳語の意味はわかっていたのだ、最近の日本人が漢学を勉強しなくなったのが問題だと叱られました。そうかもしれません。中国文化を吸収するための重要な道具であった漢語と、西欧から取り入れた科学との出合いを理解することができれば、新しいかたちで自然の理解ができて楽しいかもしれない。そう感じましたが、漢籍の勉強は大変ですし、とりあえずは、大事な問題として心にとめておくことにします。

最近は、外国語、とくに英語をそのまま片仮名表記で用いることが多くなりました。国際化の時代、英語を誰もが理解するようになったので、英語の方がわかりやすいという面もないわけではありませんが、やはりその言葉のもつニュアンスなどを考えると、母国語とは異なり、理解を曖昧にしています。自分の国の日常語で語ることによって、科学や科学技術を専門家だけのものでないものにすることは、今とても大切なことでしょう。

英国の劇作家マイケル・フレインの戯曲『コペンハーゲン』は、第二次世界大戦中の原爆開発との関わりという点での科学者と社会の問題を扱い、一流の科学者間の尊敬と競争心とが絡んだ複雑な人間関係を描いた、興味深いドラマでしたが、その中で、量子力学の父と言われるボーアが、愛弟子ハイゼンベルクに向かって話していました。

「わたしは自分のために科学の研究をしているわけではない。ちゃんと人が分かるように説明できなければ……（中略）君はそうは思っていないだろうがね──自分の取り組んでいる研究を微分方程式だけで表せるものなら、君はその方が嬉しいんだろう──だが……」と。

祈りも科学もわかる言葉で語ってこそ意味があるのは当然です。アッシジの聖フランチェスコは鳥と語れる人として有名ですが、きっとあらゆる人々と語り合える人だったのでしょう。

ここで、フリードリッヒ二世に移ります。ヨーロッパでは、宗教に対する態度を三つに分けて考えるのだそうです。一つは神の存在を信じない人、つまり無神論者で信仰をもたない人です。もう一つは信仰する人。掟を忠実に守り、日曜日には教会のミサに参列します。もう一つが、神の存在を否定はしないが、宗教が関与する分野と関与すべきでない分野の区分けを明確にする人で、これをイタリア語では「ライコ」と呼ぶのだそうです。フリードリッヒ二世は、このライコであり、マキャヴェリもガリレイもライコだと言われると、なるほどと思います。もっとも、当時はこれらの人びとは神を無視する者とされ、マキャヴェリはその著書を教皇庁から禁書にされ、ガリレイは地動説を撤回するように求められたわけです。けれども決して彼らは神を否定していたわけではなかった。塩野さんは、ルネサンスはライコが興した精神運動だと言っています。

欧米の科学者には、キリスト教の信者である人が少なくありません（もちろん日本にもいらっしゃいます）。神との関係について、私には信仰者か無神論者かという分け方しか思いつかなかったので、とくに生命科学研究の場合、たとえば神による創造と進化とをひとりの人間の中でどのように処理しているのかとふしぎに思っていましたが、これでよくわかりました。信仰をもちながら、しかし宗教が関与すべきでない分野があると考えるという立場は私にはわかりやすいものです。

ヴァチカンの進化論

キリスト教の中でも、ローマ・カトリックは教皇庁に科学アカデミーをもち、世界中の信者の中から第一級の科学者を集め、科学の現状を学び、またそれとキリスト教の関係を議論しています。

現在の教皇であるヨハネ・パウロ二世は、とくに現代社会の中での課題を深く学び、考え、また行動なさる方です。一九八一年には来日なさり、広島と長崎を訪れて世界平和を訴えられましたし、同じキリスト教でも新教や東方教会、さらにはユダヤ教や仏教とも積極的に対話を重ねられ、お互いに理解し合おう、人間としての共通性を探ろうという姿勢がはっきりした、素晴らしい方です。イラク戦争もなんとかして避けられないかと、八十歳を超え、しかもパーキンソン病の体で、精力的に活動なさったことはよく知られています。

前置きが長くなりましたが、この教皇ヨハネ・パウロ二世が九六年に「教皇庁科学アカデミーへの進化に関する書簡」を出されました。そこにはこうあります。

「新しい知識は進化論における複数の仮説を認めるところまで進んできた。進化論はさまざまな学問分野における一連の発見をもとに、研究者の間でぐんぐん受け入れられるようになってきた。独自に行われた研究結果が、特定の意図や捏造《ねつぞう》なしに、一点に収斂《しゅうれん》しているということは、それ自体、進化論を支持する議論になっていると言える」

ここには事実を見ることに徹している態度が見えます。実は、一九五〇年に当時の教皇ピオ十二世が、すでに進化論と信仰の間には対立がないという認識を示しているのですが、ヨハネ・パウロ二世はそれをより明確に語っています。教皇庁は、九二年にガリレイの地動説に対しても聖書と対立しないという見解を出していますが、進化論は人間の始まりを語りますので、教会の権威と直接関わっています。

教皇はもちろん「人は神そのものと知識と愛の関係に入るよう要請されている。時間を超え、永遠の中に、完全なる充足を見出す神との関係に入ることを求められているのである」と語り、

「人間が肉体にさえそれほどの尊厳をもっているのは、その霊魂のために他ならない。（中略）たとえ、人の肉体の起源が先行の生物体に由来するとしても、霊魂は神によって人間の誕生と共に作られたのだ」と語り、霊魂をもつものとしての人間を特別な存在と位置づけます。

私はキリスト教の信者ではありませんが、多様な生きものがそれぞれの特徴をもって生きていく中で、人間の特徴はその精神活動にあると思っています。精神の由来をどのように考えるかはおくとして、ここで共感するのは、その時代の学問に眼を向け、専門家の話をよく聞く姿勢です。人間の本性と起源の様相に関する教示が含まれているとして進化論に積極的に取り組み、自分の問題として考えるというところです。これで答が出たわけではありません。社会と共に、学問と共に考え続けるのでしょう。

現代の人間復興

ここで、第二のルネサンスについて考えます。ルネサンスのときには、キリスト教会による束縛からの解放の意識があり、その後、十六世紀半ばから十七世紀末にかけて中世を支配していたスコラ学（古代から続いてきたギリシャ、ローマ、イスラムの学問にキリスト教神学が結びついたもの）による自然理解から、いわゆる「科学」による理解へと進んでいくわけです。第一章で述べた第一の「科学革命」です。

科学という言葉を気をつけて使わなければいけないことは科学史が教えてくれます。私たちは、科学と聞くとすぐに、神学と訣別し、すべてを合理的に考えるようになったと思いがちですが、スコラ学から科学へというかたちでの変化が起きた、いわゆる科学革命の時代の科学は、現在私たちが考えているものとは異なると考えた方がよいと指摘されています。まず、当時の人びとは、キリスト教への信仰から自由ではないということです。ニュートンは、「万有引力の法則」を発見し、私たちが理科の勉強を始めるときに最初に習う「力学」の基礎を築いた人ですから、科学者と考えてしまいます。けれども、ニュートンにとっての法則とは、神様が創造なさった世界の素晴らしさを証明するものであったわけです。第一、「科学者」という言葉は十九世紀になってから生まれたもので、当時は専門領域もなければ、科学者という専門職もなかったということも大事な指摘です。

私たちはどうも二分法に慣れていて、何でもスパッと分けて考えたがるようです。ルネサンスで、それまで人間を閉じ込めていたスコラ学に対して新しい学問が生まれ、すぐに現代の科学につながるものを生み出したと割り切ります。それと同時に、科学的であることは新しくてよいことであり、非科学的とは古くさくて否定すべきことだという価値観までもち込んでしまうのです。しかし、ライコという存在で教えられたように、人間の考え方が単純に宗教から科学へと移ったはずはありませんし、科学技術文明と呼んでもよい現代にも、宗教の意味は決し

第一のルネサンス	第二のルネサンス
教会の権威からの脱却	科学技術万能からの脱却
宗教の相対化 情報の共有	科学技術の相対化 情報の共有
神から解放された人間	生きものとしての人間

第二のルネサンスの人間は、地球上の生物すべてと仲間であることを意識して行動する。

表3　人間復興

て小さくはありません。

以上のような流れを踏まえて、現在、生命科学研究を超えて考えたい人間復興という課題に入ります。ここで言う人間復興とは具体的には何かと考えると、それはまさに、ルネサンスのときに、聖フランチェスコとフリードリッヒ二世が考えたことと重なります。

科学技術信仰の功罪

まず、フリードリッヒ二世のように考えます。ここで対象にするのは、現代の科学万能主義と制度化された科学技術です。

科学的理解や科学技術そのものを否定することなどできず、してもしかたのないことですし、するつもりもありません。それは、ルネサンスが宗教そのものを否定したのではないのと同じことです。ただ、「科学技術創造立国」という名のもとで今進められている科学と科学技術は、人間が「よく生きる」ためのものになるには大いに不足があるのではないかと疑問をもちます。ひと言で表わすなら、「科学や科学技術に関するライコ」という立場を取り、ここから「創造の自由」として、新しい知と活動とを生み出していきたいと願うのです。

現代社会で科学と言う場合は、科学史の教科書に書いてあるように、ガリレイからニュートンへとつながる世界の数学的理解が続いているものを指し、とくに生命科学を考える場合、デカルトによって生まれた人間の機械論的理解が重要な役割を果たしています。

ところで、この流れの中で、ここで考えたい課題につながる重要な動きは、先にも少し触れた「科学者」の誕生でしょう。この言葉が生まれた経緯は、一八三四年、ケンブリッジ大学のヒューエルが、科学がバラバラになっていることを嘆き、物質世界全体を学ぶ者を Scientist と呼んだらどうかと言い、英国科学振興協会（British Association for the Advancement of Science）が、第四年次大会で、それまで会員に使われていた自然哲学者（natural philosopher）という名前を科学者（Scientist）としたのです。それまでは「哲学」という言葉の中に組み込まれていた科学の独立宣言と言えます。ところで「サイエンス」はラテン語の Scientia から来た言葉で、「知識」ということです。哲学の中心概念である知識を、物質界を扱う知識の名前とし、しかもそれを専門とする人びとに Scientist という名前を与えるということは、それだけこの分野が重要であるという認識が生まれたからでしょう（もっとも、実際に自然科学を行っていた人びとは、-ist という語尾のつく言葉で呼ばれることをよしとはしなかったと言われます。この語尾には、それを業《なりわい》とする職人というイメージがあり、philosopher（哲学者）のような呼び方よりも狭い感じがしたからだそうです。今になってみると、科学者の関心や目的は限られたものになりすぎている感があり、この名前が禍いしたかなと思ってしまいます）。これは単に、科学者という専門家を生んだだけでなく、科学が明らかにする物質の世界こそが真理であり、科学の進歩こそ人間の幸せを約束するという考え方、つまり科学主義とでも呼ぶべき一種の信仰に近い考え方を生み出したようです。

それは、科学の進歩を幸福な生活につなげることを期待される科学技術への信仰にもつながっています。本来、技術は、科学とは独立して存在してきました。生きものは、それぞれがその特徴を思いきり活かして暮らしていくものです。ヒトという生きものは、器用な指をもつ手、考える力をもつ脳の組み合わせから生まれる技術を用いるのが特徴です。これに、地球上のどの民族ももっていたものですが、その中で科学と結びついた科学技術は、強力な力をもち、今では政治や経済を巻き込み――または政治や経済に巻き込まれ――体制化しているところが独特です。

科学技術が、効率よく便利な製品を生み、快適な暮らしを保証してくれたことは確かですが、一方、近年になってその負の面も顕在化しています。負とは、生物学者として見ると、自然との摩擦ということになります。ここでの自然とは、外部の自然と内なる自然。外の自然については、いわゆる環境問題というかたちで、森林の破壊、水や大気の汚れ、多くの生物種の絶滅などがあります。さらに、二酸化炭素の大量排出の気象への影響も大きな問題です。これら、外の自然の変化がなぜ問題か。人間は、ヒトという生物ですから、どうしても呼吸をし、水を飲み、さまざまな食べものを摂取しなければ生きることができません。自然の破壊は、そのままヒトの体内に変化をもたらし、存在を脅かします。環境ホルモン、より正確に言うと、内分泌攪乱化学物質で問題になったのは、十億分の一という薄い濃度で存在する化学物質が、本来体内で生産されるホルモンのはたらくべきところに作用して、ホルモンのはたらきを乱すということです。つまり、私たちの体は、個体として外部から隔離されていながら外部とつながっているのだということを、いつも考えていなければなりません。内なる自然の破壊は、単に物質的なところに止まりません。科学は、物質界を扱うものと規定されて進められ、それを基盤にした科学技術も物質的な豊かさを求めるものとして開発されてきました。そこには、人間として生きるときにはどうしても考慮されなければならない心に対する配慮は、原則として入っていません。しかしすでに、内なる自然の一つとしての心の破壊も考えなければならないところに来ています。ここで、まさにライコの考え方を登場させる必要が出てくるのではないでしょうか。

たとえば、医療には体を扱う面と心を扱う面とがあります。実際の病気の場合は、心と体が一体となっており、具体的に分けることは難しいのですが、いずれにしても、この両面があることは事実です。体の構造や機能は科学で理解し、科学技術で治療するのが効果的に違いありません。しかし、病人が健康を取り戻すには、心が健全な状態になることも重要です。人間を機械のように見ていると、遺伝子や細胞を用いた部品修理や交換としては見事だけれど、その結果が、「よく生きること」につながるかどうか、疑問をもたせる医療が出てきかねません。

このような危惧は、すでに多くの人が指摘しています。一九七〇年代に生命科学研究が始まった頃、それとときを同じくして、主として英国で「科学・技術・社会」として、また米国では「生命倫理」というかたちで研究と運動が始まったのはよく知られています。九〇年代に始まった「ヒトゲノム解析計画」では、推進の中心になったワトソンが、この研究に伴う「倫理的、法的、社会的課題」の研究に、研究費全体の五パーセントを用いるという提案をしました。これは日本にも影響を及ぼしています。

ただ私は、一九七〇年からこれまでの、科学と社会についての研究、生命倫理研究など科学技術の外側での活動を見て、これは本質的な解決にはならないと思っています。十九世紀後半から二十世紀にかけて進められてきた、物質界のみを対象にし、そこに真理があるとして進めてきた科学とそこから生まれた科学技術、さらにはそれを受容し支えてきた産業社会は本質的に限界をもっているのだという認識がないからです。今では、都会で自分の土地をもって、緑を楽しむことは難しくなっています。高層ビルと高速道路は当たり前の風景です。けれども、そこに暮らす人間も含めての生きものには、やはり土や緑が必要です。科学技術と経済で考えたら、その必要性は出てきません。医療も都市計画も、科学技術のアセスメントとしてではなく、それとは別の価値として、生命を基本に置く社会を描くことでしか、望ましい姿にはならないでしょう。

科学技術推進への反対運動も検討の余地があります。生命科学で言うなら、遺伝子組換え技術への拒否反応は依然として強く、この技術を用いて作った大豆やトウモロコシは食べないという運動があります。この運動の場合、遺伝子組換え技術という特定の技術が危険だという判断が基本にあるとしたらそれは科学としては正しくありません。もちろん、技術は使い方によっては危険なこともできますから、この技術は絶対安全かという問い方をされたらそれに答えることはできません。しかし、この技術そのものが危険かどうかと考えれば、特段の危険性をもつものではないということは、実際にこの技術に接している人なら誰もがわかることです。

ここで大事なのは、私たちが食べものをどう作り、どう食べるかという、農業に始まる食をめぐる活動のあり方への判断です。すべてを科学技術化するという前提があって、そこで遺伝子組換え技術を用いるとなれば、それに疑問を呈する立場は理解できます。

科学や科学技術のあり方はそのままにしておいて、外側から評価し、推進方法を考えたり、反対したりという構図では、次の新しい展開はなく、おそらく生きものの一つの人間として納得のできる社会にはならないだろう。下手をすると人類の未来はないかもしれないというのが、今思うことです。

そこで、フリードリッヒ二世の言うライコという立場を取りたいのです。科学や科学技術の意味は充分わかるけれど、それが関与する分野と関与すべきでない分野の区分けをして、関与すべきでない分野が何をすべきかを明確にし、それを確立していくという立場です。そんなこと当たり前と言われそうですが、今、生命とは何か、人間とは何かと問いながら、やるべきことを進めていく作業はとてもやりにくくなっています。

その理由は二つあります。一つは、生命科学研究自体が科学技術や産業社会と結びついたかたちで制度化され、その中でしか研究が進められなくなっていることです。生命体は機械とみなされ、その構造と機能を明らかにして、その知識を活用した産業を生み出していくという構造ができ上がっています。たとえば、医療を考えたとき、本当にこのようなかたちで進められるのが医療として望ましいのかどうか。糖尿病の遺伝子を解明して治療を考えるより、食生活を自然なかたちにした方がよいのではないかという考え方は、生命科学研究の研究プロジェクトの中には入りません。

もう一つは、ルネサンス以降にガリレイらによって生み出された科学に相当するものとして、今生み出されるべき「知」が、まだ明確に見えていないことです。ガリレイが「地球は動く」と考えたとき、その考え方がニュートンを経て、現在のような物理学として確立するところまで予測してはいなかったでしょう。科学を基本にしながらも、物質界を扱う科学の枠におさめきれない新しい知が生まれるときが来ているという予測はできるのですが、本来の知を意味する Scientia という言葉を与えようとまで思わせた科学革命のときのような新しい動きは、まだ明確に起こってはいません。科学技術万能ではないということは言えても、新しい知が生まれなければ次のステップへは踏み出せません。今、ここで「考える」必要があります。徹底的に考えることが求められているのです。

プロジェクト型の問題点

新しい「知」のキーワードは「生命」でしょう。今、社会では「二十一世紀は生命科学の時代」と言われ、研究費も国家予算からたくさんつぎ込まれています。ヒトゲノム解析を中心にしたさまざまな生物のゲノム解析が進められ、次は遺伝子が作り出すタンパク質の構造とはたらきを調べるプロジェクトが始まっていますし、各遺伝子が体のどの臓器でいつはたらいているのかを調べる研究も進んでいます。そこではもちろん、受精卵から始まってだんだん体ができ上がっていくときに、いつどこでどの遺伝子がはたらいているかというような基礎研究も行われていますが、中心となる研究には医療のためという目的があります。国家的プロジェクトというものはそういうものであり、国の予算を使う以上、趣味の研究であっては困るのは当然です。

けれども、私が、二十一世紀は生命の時代になるだろう、いやそうしなければ人類はうまく生きていけないと思っているときの「生命」は、ここで扱われているものとは違います。もっと、生きものを実感させるものであり、自然と近いものです。従って、従来の科学だけに捉われないでいたいと思うのです。もちろん、このようなことを考えるためにも生命についての科学的知識は重要です。ただ最近の生命科学には、少しなじめないところがあります。この気持ちを上手に表現してくれたのが、すでに何度も登場してもらったジャコブです。

フランスでも米国でも占い師が流行っている。彼はこう言います。日本でもそうでしょうか。「占い師という連中は、自分の予言を『科学的』と称して客寄せすることを憚らない。それどころか、科学者自身が科学の予見能力に信頼を置いている。証拠は、毎年のように未来予測のテーマを掲げた会議が開かれていることである。『二十年後の生物学はどうなるか？』、『二十一世紀の医学について』、あるいはまた『二十一世紀初頭の社会における科学の役割』といったたぐいの会議である。こうしたテーマを選ぶ人々は、きっと大きなことが好きなのだろう。通りを広々と貫通させ見通しを良くすれば、未来が向こうから頭を下げてやって来る、と思いこんでいるふしがある。

もっとも、それには理由といえば理由がある。官僚や政治家といった連中は、結果の保証なしに手探りで闇をすすむ研究に我慢できない。研究体制の整備は自分たちの役割であり、したがってその方向づけをするのが自分たちの最低限の義務だと信じている。かれらもまた、科学という人類の大いなる冒険に一枚加わりたくてうずうずしている。こうして計画を立て、管理体制を整え、未来を論ずれば、もう未来は統御可能だと思いこむことになる。

しかし、未来も科学も予見不可能である」。もちろん、ここでの予見不可能とは、まったくわけがわからないということではありません。「研究とは、一見独立した断片的な情報につながりをつけることだといってもいい」と彼が言っているように、そのような作業を注意深く行えば少しずつ先が見え、ときには思いがけないことさえわかってくるのです。

そのためには、断片的な情報をよく調べ、深く考え、ときに仲間同士でゆっくりと話し合いをするという作業、そのための時間が必要なのです。大切なのは考える頭脳と時間……しかし今は、科学研究に必要なのは、まずお金だと思われています。確かにお金は必要ですが、あればよいというものではありません。

「プロジェクトは、すでに領域が確定し、確実に進んでいる研究においてしか成功しない。（中略）はじまったばかりで試行錯誤をくり返し、（中略）大衆の理解をえるのがどだい無理な、そんな乱気流うず巻く研究に、どうして長期計画など策定できるだろうか」

ジャコブは、分子生物学が始まったときのことを思い出してこれを書いています。けれども、決して懐古で書いているのではないことは明らかです。予測不可能性で始まったこの本は、「二十世紀という、この科学的探求の世紀最大の発見は、わたしたちが自然についてじつは何も知らないということであろう。学べば学ぶほど、無知の大きさがわかってきた。このことはそれ自体、大いなる報せである。この報知は、十八世紀や十九世紀の先達を驚かせるに足りるだろう。いまはじめて、わたしたちは自分の無知を目の前に見ている。長い間、わたしたちは事物がどのように機能するかを知っていると称していた。しかしそれは単に、穴を塞ぐためにデタラメな話をしていたようなものである。いまやわたしたちは、ようやく真剣に自然を学びはじめ、問題の奥行きを理解しはじめた。答えをえるにはどれくらい遠くへ行かなければならないかが、やっとわかり出したのだ」という言葉で終わっています。まさに同じ気持ちです。ただ、ジャコブはおそらく、もう一度分子生物学が立ち上がったときのように、それと似た別の科学が生まれてくることを期待しているようなのですが、私は、少し違って、従来の科学とは別の新しい「知」が立ち上がらなければいけないという気がしています。

今、二十一世紀は生命の時代と言われて行われている研究の多くは、プロジェクト型です。ゲノムの研究が進み、生命についても自然についてもとても深いものが見えてきたことは確かですが、それは予測不能な何かであり、それを探して試行錯誤を繰り返すことが大事だという私の気持ちは、プロジェクト研究とはずれています。ジャコブが、多くの人にわかってもらうのは無理と明言しているように、こんな言い方は戯言《たわごと》にしか聞こえないかもしれませんが。

私たちが今、歴史の中で初めて「自然についての無知を一番よく知っている」と言える状態になったことは素晴らしいと思います。私自身、DNAの周辺を勉強してきて、この感を強くしています。だからこそ、その大きな自然、とくに生命について考えたいと強く思うのです。ここでの「考える」は、決して現在進められているプロジェクト型の生命科学ではない。むしろ今の進み方は、いかにも自然について、生命について、わかってしまったかのようなやり方です。このまま進んでいくと、本当に生命とは何か、人間とは何かと問い続けることなく、人間を機械のように扱い、その結果――これさえ予測不可能のうちに入っていますから、よくはわからないのですが、何か破滅の方向へいきそうな気がするのです。

今、こんなことを言うのはおかしいと思われるでしょう。ヒトゲノム解析はめでたく終わり、次はポスト・ゲノムプロジェクトへ進もうというのが、現在の生命科学の主流です。ポスト・ゲノムとはなんとおかしな言葉でしょうか。生命について考えるなら「生命子」としてのゲノムを基盤に置き続ける必要があり、ゲノムから離れることはあり得ません。ポストと言ったとき、生命を知る基盤はどこに置くのでしょう。生きもののことを知らない人が造った言葉としか思えません。タンパク質の研究も結構です。糖の研究も必要です。しかしそれは、ゲノムを基本にした生命体のはたらきとして捉えなければ、単なる物質の羅列にすぎません。ポスト・ゲノムなどという安直な言葉が流行しているところにも、現在のプロジェクト研究が〝生きている〟ということに向き合っていない面が見られます。これをぐんぐん進めていけば、特許がたくさん取れて産業が興せる。うっかりしていると、すべて米国にやられてしまうからもっと予算をつぎ込もう。こう言わなければ生命科学研究者の仲間ではなくなります。私はＤＮＡ研究を中心にした生命科学研究が不要だとか、くだらないだとか言っているのではありません。それはとても面白いし、まだまだわからないことだらけなのですから、研究は続けないではいられない気持ちです。

ただ、ジャコブも言っているように、ここで私たちが直面しているのは、どうしたら生命の本質がわかってくるのだろうという本質的な問いなのです。戸惑いながら考えるべき問いです。それを意識せずに、よく考えないまま、プロジェクトとして進んでしまうのは、とても大きな無駄をしていることになるのではないでしょうか。ヒトゲノム解析は、確かに興味深いことをやってのけました。それは、生命体、とくにヒトというわけのわからない研究対象の中から限られた時間で、「すべて終わった」と言える課題を見つけて、それを終えたのですから素晴らしい。三十二億個の塩基（A、T、G、C）が並んでいるDNAが、ヒトゲノムとしてはたらいているものであることをつき止め、その配列をすべて分析したわけです（もっとも、これとて実は端から端まで一つ残らずその配列を調べ終わったというわけではなく、残っている部分はありますが、全体はほぼ明らかになったのですが）。ともかく、ヒトの体を作り、動かす情報は、すべてこの中に書き込まれているはずだというものを手に入れたのは、すごいことです。ある遺伝子を探して、もしこの三十二億個の塩基の並びの中にそれがなければ、「ありません」とはっきり言えます。これまで科学の世界では、「こういうものを見つけました」と言えば成果になりますが、「こういうものはありませんでした」と言っても、それほど評価されませんでした。どこかにあるかもしれない。でも、ヒトゲノムの中を探して見つからなければ、それはヒトはもっていませんと言えます。

ただし、これで人間のこと、生きているということがどれほど「わかったか」と考えると、まだまだわかっていないことの方がたくさん見えてきます。三十二億塩基、つまり三十二億文字を書き並べると、二百五十ページほどの書物にして約百六十万冊分になります。これだけの文字から必要な情報を引き出し、それがどのようにして私たちの体を作り、はたらかせているかを知るのにはどうしたらよいか。さまざまな方法を工夫しなければなりません。

プロジェクトでももちろんさまざまな工夫がなされています。たとえば、個人によって塩基配列が異なっている単塩基多型と呼ばれる部分を解析し、その違いが、病気のかかりやすさなどに関係しないかと探していくプロジェクト。重大な病気に関係する遺伝子を探すプロジェクト。遺伝子とわかった部分にタンパク質を作らせてそのタンパク質を分析するプロジェクトなど。確かに医学・医療という立場から見たプロジェクトとしては理解できますが、最近の学会発表を見ていると「網羅的」という言葉がよく出てくるのが気になります。ゲノム解析以来、網羅的に見ていくことが一つの研究方法になったけれど、本当にそれが生命の本質に迫る最もよい方法であり、最も近い道なのだろうかという問いが出てきます。けれども今は、そんな問いは無視されます。

なんだか網羅的に研究すれば、すべてがわかるような気がしてしまう。実はそうではないのに。ヒトゲノム解析プロジェクトは、先ほど述べたようにす﹅べ﹅てを解析したことに大きな意味がありました。しかし、ここに意味があったからといって、その先も網羅的に行うことが王道であるかのように思い込んでしまうのは間違いです。ゲノム解析は、珍しく、ゴールがはっきり見えるテーマでした。しかも、終わりが予測できる範囲で。しかし通常の研究はそのようなかたちで答が出るものではありません。網羅的に調べようとすれば、当然のことながら費用はたくさんかかります。何が大切かを考えて、そこから攻めていった方が、効率がよいはずです。

ジャコブが言っている思いがけないことを見出す可能性もその方が大きいでしょう。そのうえ、網羅的というかたちで予算をつけて進めてしまうと、方向転換ができなくなります。医療は、遺伝子研究を中心に進むのが、今行うべきことだという圧力のもとに、どんどん進んでいくという状態が起きています。立ち止まって考えたりしていると、置いてきぼりにされるので、そんなことはできません。

学問・芸術の力

「科学と社会」というテーマでの活動も、プロジェクト研究を進める制度の中で行われています。今行われている研究を、社会の人びとに伝えることが大切だというのが活動の基本です。確かに、科学者という特別の職業が生まれて以来の科学は、急速に深化し、専門化していきました。そしてその成果は、論文というかたちで科学者仲間に向けて発信し、そこで評価されればよいという制度ができ上がりました。一般の人が論文に接することはありませんし、もし読んだとしても専門用語で書かれた論文を理解することは難しいでしょう。これでは、科学は専門集団の中だけに存在し、社会に出ていくことはありません。これではいけない。私もそう考えたひとりであり、生命誌研究館を始めたのは、この状況の打開を狙ってのことでした。

ところで近年、前にも述べたように、研究費の一部を使って科学研究の情報を外へ出したり、研究の評価をすることが必要と考えられるようになりました。科学者の中にも、自分たちの仕事を専門外の人に理解してもらうことの重要性を認識する人が増えてきました。わかりやすく説明したり、美しい図表を作ったりする努力も盛んです。これは評価すべきことです。ただ、その活動は、科学や科学技術の普及、啓蒙であり、人びとが現在の科学や科学技術のあり方をよしとして応援してくれるようになることを目的としています。若い人や子どもたちの理科離れを嘆き、誰もが科学を理解し、好きになる社会づくりをめざす活動も盛んです。しかしそれは、科学を自然との関わりの中、哲学や宗教など他の知との関わりの中で考えようとするのではなく、現在進められている科学を理解することこそ重要だという立場です。

ちょうど、教会の制度の中で動いていれば、すべてがわかって幸せになるという束縛と同じようなものを、今の科学技術のあり方の中に感じます。科学や科学技術が大事であることは確かですが、今のような進め方が最もよいのだろうかと考えてみることも必要です。そのうえ、科学技術だけで人類の未来は明るくなるわけにはいかないでしょう。どうもこのままいくと、人間や生命が科学技術に振り回され、どちらが主体かわからなくなりそうです。自然とは何か、生命とは何か、人間とは何か、人間が本当に幸せになるにはどうしたらよいのかという問いから始めて、価値観や日常のありよう、政治や経済の中でどんな生命科学研究を進め、技術を開発するのが望ましいかを考えて初めて、科学や科学技術が万能ではなく、担当すべきこととそうではないことが見えてくると思うのです。新しい「知」として体系だったものを出せるところにいるわけではありませんが、制度化された中での生命科学と科学技術に対して「ライコ」の立場から新しい「創造」を求めたいと思っています。

ライコとしてのフリードリッヒ二世は、制度化され、聖職者に独占された中世の体制への挑戦として、法律、税制、通貨の整備、官僚機構の組織化を進め、中でも最も力を入れたのは学問や芸術の改革だったと言います。まさに構造改革ですが、価値観を変えるとしたら、最も力を入れるべきは学問であり芸術だと考えたということは、とても興味深いことです。

これを現代に引きつけてみても、社会の構造改革のために、学問や芸術が力をもってよいのではないかという思いがあります。現在、社会で構造改革と言われているのは、いわゆる日本型社会がもっていたなれ合いと平等主義を捨てて、競争に強い社会にしようというものです。もちろん、なれ合いの結果腐敗していたさまざまな組織の改革は必要であり、努力や能力は的確に評価されなければなりません。国際社会の中で存在感のある国になりたいとも思います。

けれども、その先に見えているのが、金融経済に振り回され、経済万能、お金を手にした人が勝ちという社会だとしたら、何のための改革なのだろうと思います。人間が自然の中の自分の位置づけをよく知ったうえで、生きものとしてもっている時間に合わせて創造的に暮らす社会をめざしての改革、それが現代の人間復興（ルネサンス）です。そのための価値観の転換、社会の変革を求めたとき、それを支える学問の発展、新しい表現としての芸術の展開が不可欠になるはずです。ルネサンスを今振り返るとき、最も輝いて見えるのが、文化や芸術であることは示唆的です。将来、二十一世紀初頭が、学問や芸術で輝いた時代として位置づけられるでしょうか。

自然の書を読む

ここで重要なのは「言葉」です。聖書や説教を日常語であるイタリア語にしたために、一人ひとりがキリストの教えについて、自分で考え、自分で感じるようになり、それが聖職者による宗教の独占体制を崩したこと。体制化された科学、科学技術についてもまったく同じで専門用語での論文でなく、誰もがわかる言葉で書き、語れば、専門外の人も考え、感じることができるはずだということはすでに述べました。

ところで、ここでさらに興味深い指摘があります。フリードリッヒ二世が、学問や芸術の改革をする中で、庶民の日常語であったイタリア語の完成度を高める必要性を説いたというのです。高度な思想も繊細な感情も表現できる言葉にならなければ、ラテン語にとって代わることはできない。このような思いが、後のダンテへとつながっていくというわけです。「言語は、理性、感性、悟性を明確にしそれを表現するには最上の『道具』ということですね。フリードリッヒは、言語もまた、神のものではなく人間のものであるべきと確信していたのです」という塩野さんの考え方は、まさに今、私が科学と言葉について感じていることと重なっています。言葉は単に伝達の道具ではなく、理性、感性、悟性を明確にするために不可欠なものです。皆が考え、考えたことを話し合い、知を作り上げていくためには、豊かな言葉をもたなければなりません。科学について、そのような言葉をもっているか。私たちも言葉について真剣に考えてみる必要があります。

言葉については、もう少し考えてみたいことがあります。そもそも自然という書物が何で書かれているかということです。ヨーロッパ中世の人びとは、神の言葉を書き記した「聖書」と被造物である「自然の書」という二つの書物を考えていました。そして、前者はラテン語で書かれていました。

では、後者はどんな言葉で書かれているのか。

実は、聖書など神の言葉は、しばしばその神秘性を出すために「暗号」で書かれていたということもあり、どう読み解いてよいかわからない自然の書も、暗号で書かれていると考えられました。神からのメッセージは空に輝く星や野に咲く花に暗号のかたちで隠されており、残念ながらふつうの人はそれを読み解くことはできないというわけです。

ところで暗号は、従来外交や戦争の場で使われてきました。暗号を最初に用いたのはジュリアス・シーザーと言われ、その方法は、アルファベットの文字をずらすというものだったようです。たとえば、"nature" を三文字後にずらせば "qdwxuh" となるわけです。このような簡単な規則では、回数を重ねるうちに解かれてしまいますから、さらに複雑な暗号が考え出されます。それに対して、暗号を解読しようという人も出てくるわけですが、こちらはかなり遅く、十六世紀初頭のヴェネツィアでこの技術が盛んに研究されるようになったと言われます。これはすぐに、イタリアの他の都市やフランス、英国へと広がり、暗号解読の名人が登場します。

この話を聞くと思い出すのが、ロンドン塔に幽閉されたスコットランド女王メアリー・スチュアートのことです。彼女がエリザベス女王に対して忠誠を尽くそうとしているのか、女王廃位の陰謀をめぐらせているのか。メアリーが暗号を用いて書いた手紙が解読され、処刑されることになり、彼女を利用して英国に侵略しようとしていたスペインの行動を未然に防ぐことができたという有名な話です。思えば、メアリーの処刑が一五八七年。まさに暗号解読技術が盛んになっていたときとわかります。

そのような中、暗号に関心をもった英国のベーコンは、自然の書の暗号も解明できるはずだと考えました。確かに自然の書を読み解くのは難しいけれど、外国で次々と作られる難解な暗号も読み解けているのだから、体系的に考えていけば解けるというわけです。彼は自然に関する情報をたくさん集めることが必要だと考えました。その方法は興味深いものがあります。まず三種類の「展示の表」を作るのです。「本質と現存の表」「逸脱または欠如の表」「程度、比較の表」です。

たとえば、熱について考えようとするとき、太陽光、炎、動物の体など熱のあるものを列挙します。次に、それに対して、月の光のように同じ光なのに熱をもたないものをあげます。第三に、動物が運動の前後で体温が変わるなど、同じもの、ときには別のもので熱の程度が違う場合を記入していきます。こうしてできた展示の表を利用して、熱が存在する場合には見出されない性質、熱が存在しないときに見出される性質、熱が増加する場合に減少する性質、熱が減少する場合に増加する性質を排除した「排除の表」を作ります。さまざまな仮説を立てて、この表と照合していき、ベーコンは、熱とは、膨張し、阻止され、抵抗する微妙な粒子の運動と結論したと言います。

つまり、自然の書を読むとは、経験したり実験したりすることだというわけで、科学の方法に近いものを探り出しています。ここでベーコンは、自然を知るには、大規模な情報収集機関が必要で、そこではたらくのは機械のように情報を集める人であり、それをもとに自然を解明する創意に富んだ人が少数いなければならないと言っています。ここまで割り切って言われると抵抗を感じますが、今私たちが行っているプロジェクト型の科学は、まさにこのようなかたちで進められていると言ってもよいわけです。けれども、情報を集める人ばかりになって、自然を解読する創意に富んだ人が見えにくくなっているのではないでしょうか。それはともかく、自然の暗号を解読しようという発想から、観察や実験という方法に近づいたという点では、十六世紀に入り、ベーコンによって科学への一歩が踏み出されたという感じがします。ただ彼は、ここに数学をもち込むことはしませんでした。

自然の書は数学で書かれているのだ。初めてこう言ったのは、ガリレイでした。もっともこの場合の数学は幾何学でしたが、観察や実験だけではどうしても不規則になってしまう情報の陰に数学という規則があるという視点から科学が始まったわけです。ここから、ニュートンへ、さらにはアインシュタインへとつながっていく物理学は、この世界を数式で美しく表現してきました。その間の科学の歴史も興味深いのですが、生命について考えることを主とする本書では、この部分は省略します。

とにかく、自然の書は数学の言葉でかなり読み解かれたことは確かですが、すべて数学で解読できるのでしょうか。今、生きものについて考えていると、そのような疑問が生まれてきます。実は私が、生命科学でなく生命誌を始めたのは、そのような問いがあってのことです。自然の書は見事な数式を含みながら、やはり最終的には言葉で語るようにできているのではないか。そんな気がしています。ルネサンスのときに聖書は日常の言葉で書かれることになりましたが、自然の書も日常の言葉で書かれることになるのではないか。この場合の日常の言葉とは、専門的な事柄をやさしく解説するということを意味していません。もっと本質的に、自然の理解そのものが言葉で語られるものだということです。ですから、もし現代科学が、自然を数学で表現する学問という定義をもっているとしたら、科学では自然は語りきれないということになるのかもしれません。まだそこまでは言い切れませんが、とにかくそのような問いを抱きながら、これからの知のありようを探ってみたいのです。生命については数学ではなく、言葉で語ると理解できるということについては、第六章「語る」で考えます。

「二十一世紀は生命科学の時代」と言われている中で、あえて、現在の生命科学とそれに基づく科学技術にどっぷり浸ることを潔しとせず、それに対して「ライコ」の立場を取りたいと思う理由はいろいろあります。まだ確たるものにまとまってはおらず、断片的ですが、現在考えていること、疑問に思っていることの一部を書き留めました。

要は、自然の書を読みたい、その中でも命あるもののあるがままの姿を知る「知」を構築したいということであり、そのためには現行の生命科学研究では不足だと思うのです。さらに人間は、ただ生きるだけでなく「よく生きる」ことをめざすところに意味があるわけですが、生命科学の成果の活用が本当に「よく生きる」につながるかどうか、そこにも疑問が湧きます。

このような気持ちから「生命誌研究館」を始めて十年がたちました。この十年の私たち自身の研究と世界中の生命科学研究の流れから見て、ここで述べてきた方向は間違っていないという気持ちと同時に、生きもの全般だけでなく、「人間」を考えなければいけないと思うようになってきました。

とくに、なぜ人間に関心が向くようになったのかということを意識しながら、「生命誌」を進めていきたいと思っています。

第四章　耐える——複雑さを複雑さのままに

夏目漱石の『草枕』

生きるということを基本にすると、問題がすぐに解決することはないだけでなく、その方法も模索中だということがわかってきました。面倒なことです。

人間復興とは何かといえば、自分の中に善悪を引き受けること、つまり精神的に強い人になることだということもわかりました。それはまた考え続けるということでもあります。おそらく黒白が明らかになったり、これだとわかったりしないことがわかったうえで考え続けること。これが生命に対する対処のしかたなのであり、それを別の表現をするならば、複雑さに耐えるということでしょう。

ここでは耐えるという言葉を使っていますが、この耐えるは、じっと何もしないで我慢するという忍耐ではありません。芯は強く、行動力はあるのだけれど、単純に物事を決めるのではなく、さまざまな事柄を総合的に深く考え続けるということです。

生きるということは、日常生活を考えてみても、まさに複雑さに耐えることの連続ですから、それを受け止める力がないと壊れてしまいます。最近の生命をめぐる事件を見ると、この耐えるという感覚がなくなっているために起きていると感じます。

文学作品には日常の複雑さを基本にしているものが多いわけですが、ふと夏目漱石の『草枕』の冒頭を思い出しました。

「山路《やまみち》を登りながら、こう考えた。

智《ち》に働けば角《かど》が立つ。情《じょう》に棹《さお》させば流される。意地を通《とお》せば窮屈だ。とかくに人の世は住みにくい。

住みにくさが高《こう》じると、安い所へ引き越したくなる。どこへ越しても住みにくいと悟った時、詩が生れて、画《え》ができる。

人の世を作ったものは神でもなければ鬼でもない。やはり向う三軒両隣《りょうどな》りにちらちらするただの人である。ただの人が作った人の世が住みにくいからとて、越す国はあるまい。あれば人でなしの国へ行《ゆ》くばかりだ。人でなしの国は人の世よりもなお住みにくかろう」

漱石らしいし、私もそう思います。そして、

「越すことのならぬ世が住みにくければ、住みにくい所をどれほどか、寛容《くつろげ》て、束《つか》の間《ま》の命を、束の間でも住みよくせねばならぬ。ここに詩人という天職《てんしょく》ができて、ここに画家という使命《しめい》が降《くだ》る。あらゆる芸術の士は人の世を長閑《のどか》にし、人の心を豊かにするがゆえに尊《たっ》とい。

住みにくき世から、住みにくき煩《わずら》いを引き抜いて、ありがたい世界をまのあたりに写《うつ》すのが詩である、画《え》である。あるは音楽と彫刻である」。複雑で面倒な世の中。ここで興味深いのは住みにくさをやわらげるのはのどかにすることであり、心を豊かにすることだということです。

そしてそのためのものとして芸術があるというわけです。語っているのが漱石ですから、自らの社会との関わり方としてこう言っているわけですし、しかもこれは明治時代です。二十一世紀で考えると、これは芸術家だけにおまかせしておくことではないはずです。具体的に言うなら、科学を基本にしながらその限界を超えた知として複雑さを楽しむことができないか。まだ生きものについて考え続けましょうというところまでしか来ていませんが、科学が求めてきたように単純な因果関係でなく、複雑なことを複雑なこととして考える新しい知が必要であることだけは確かです。学問や芸術のもつ力を信じたいとあらためて思います。

新たな方向へ

ガリレイは、この自然界は法則で書かれている、だから全部法則できれいにシンプルに書き表わせると言い、デカルトは心身二元論で、心と体を分けて、体を機械として理解していこうと言いました。そんな中でニュートンは、非常に基本的な、地上の世界でも天上の世界でも全部通用するような万有引力の法則を考え出して、全部をわかったと思わせてくれました。だから、十七世紀から三百年の間、この世の中を理解する方法として、非常に大きな力をもったものとして科学があるのですが、ここまで来たら、複雑なものを複雑なものとして理解するというところへ、科学的理解をもう一度展開していくときでしょう。

わからないことを、あたかもわかったかのごとくに進めると、必ず不安が残ります。今はまさにそういう不安がたまっています。あなたの気持ちはわかりましたというのと同じようなわかり方にもっていくためには、生活の中で複雑さを自分の中に組み込んでいくことです。芸術を活かして複雑さの中で上手に生きていくというだけでなく、今まで科学としてやってきた学問の延長線上で、生活や芸術も含めて生きものを理解するというところまで考え方を展開していけないだろうかと思うのです。

今は答はありません。残念ながら。ただ、そういうことを求めている、科学を踏まえて複雑さを考えようとしている人はたくさんいます。これまでの科学の単純化、数字の表現、機械論的世界観に止まらないで展開しようとする、脳、生物、宇宙、地球などの研究者が出てきています。

十年かかるか二十年かかるかわかりませんけれども、デカルトやガリレイやニュートンが新しい世界観を作ったのと同じように、新しい知を作ることです。それがどういうものになるかはわかりませんが、その方向に向かっていることだけは事実です。

そこではおそらく、科学的な理解と日常的な理解とが、なんらかのかたちで重なり合うでしょう。そうしない限り、学問が不安を生み出すものになってしまいます。現在起きている環境の問題にしても、子どもの問題にしても、食べものの問題にしても、結局、学問と日常とが合致していないための不安です。現代社会の不安解消のためには、複雑さを考えなければいけないのです。

今までの科学や科学技術は新しいものを発明し、機械をたくさん作り、世の中を便利にし、それを進歩と称してきました。その中では、生命は中心にはありませんでした。複雑さに向き合うと、生きものを中心に置くことになります。

複雑さについて学問としてどのように考えていったらよいかということは、後に述べるとして、その前にとにかく複雑さを複雑なまま受け入れるという態度を明確に、しかも魅力的に示している例を二つあげます。

センの経済学

一つは、一九九八年のノーベル経済学賞を受賞したインドのアマルティア・センの考え方です。生命を基本にした社会を支える経済学は、決して現在世界を席巻《せっけん》している功利一点張りの金融経済ではないことは、経済学にまったく無知な私でもわかります。では、どんな経済学がよいのかとなると自分ではなかなか考えられませんが、興味を抱いたのがセンの経済学です。経済学者の中でどのように評価されるのか、どこにどんな問題点があるのかということは経済に疎い私にはわかりません。しかし、彼の主張には、生命を基本に置いているところが見られます。彼は経済学には二つの流れがあると言っています。一つはギリシャ時代、とくにアリストテレスから始まったもので、この流れでは、経済学は人びとがよく暮らせるようにするためのものであり、それを実現するには、「よく生きるとはどのようなことか」と問う倫理学と共にあらねばならないとします。

もう一つの流れは、物質的豊かさのようなある目的を決め、その実現のためにはどうしたらよいかと工学的アプローチを考える経済学であり、そこにはいかに生きるかという人間としての問いはありません。近代経済学は後者の流れの中にあるわけですが、センは、前者こそが経済学であると主張しています。そのような経済学と倫理学との共同は、どのようにして進められるのでしょう。彼は、功利主義と個人の権利の重要性を敵対させるのでなく、功利主義を批判しながらも、それが用いている工学的アプローチは全面否定せずに活用することによって新しい道を探れると言うのです。大雑把なまとめですが、よく生きることを基本に置き、功利主義を批判しながら工学を上手に活用するというアプローチは、前章で考えてきたことと合致します。その道は難しかろうと思いながらも、このような経済学の探索は、生命を基本に置く「知」の一つであることは確かなのでぜひ確立してほしいと思います。

センの経済学の出発点、そして現在の主流とは異なる道を険しいと思いながらも探っていこうとする原動力は、防ぐことができるはずの不正義への怒りなのだそうです。インドでの子ども時代に大飢饉を体験している人ならではの出発点です。私も――というより私と同世代より年上の日本人も、第二次世界大戦の敗戦により飢餓体験をもっています。野坂昭如さんは「焼跡闇市派」と称してその体験を決して忘れないという姿勢を創作の基盤としていますが、夏目漱石の言うように、文学や芸術の方がこのような基本をそのまま形にし、人に伝え、社会化しやすく、学問はそうなりにくいことは確かです。でも、センのように、実体験を基本に置いて「不正義の是正」を求める学問づくりに挑戦する人が出始めたということは、素晴らしいことですし、時代の流れだと思います。

正義とは何かというかたちで複雑さに向き合うと、難しすぎて動きようがなくなりますが、彼のように「明白な不正義」というかたちで考えていけば、人びとの合意を得られ、その是正の方法を考えていけるのではないでしょうか。もっとも実際の行動は悩みの連続になるでしょうが。

金融経済のもとでは貧富の差はますます激しくなります。すべての人が同じである必要はありません。ある程度の差はあった方がいいでしょう。しかしなぜか、競争の原理をもち込むとその差は、必要以上に広がるのです。この地球上に日々の食事を楽しめない子どもや、上から落ちてくる爆弾や足元の地雷で命を失いかねない場所に暮らしている子どもがいる。私はそれをテレビや写真で見るだけの生活をしていることに忸怩たる思いがありますが、それは許されない、そんな理不尽なことをいつまでもやっていてはいけないという気持ちは、体の内から湧いてきます。生命誌も小さな仕事ですが、少しでもこの方向にいきたいのです。

そこでセンについて書かれた次の文に共感します。

「センの理論に接すると、私はいつもその多様性や深みのゆえに熱帯雨林の中をさまよう探検者の気持ちになる。『この森を抜けると本当に目的地に着くことができるのか』『そもそも目的地はどこなのか』と焦りさまよいながらも、熱帯雨林の豊かさは私を魅了してやまなかった。そのうち、実はこの豊かさはセンの理論の作り出したファンタジーではなく、世界そのものの特徴なのであり、センはこの豊かさを切り詰めずに示そうとしているだけだということに気づき、次第に私はこの熱帯雨林を通ることが目的地への近道であるのかどうかよりも、熱帯雨林の中にいること自体に喜びを感じるようになっていった」(『センの正義論』)

この気持ちはよくわかります。私が生きものについて感じ、生命誌を続けている気持ちとまったく同じだからです。

根っこと翼

そして今私の心に最も強く残り、これこそ私たちのこれからの生き方を示していると思える言葉があります。複雑さという言葉はそれこそ複雑で、それぞれの場合によって、また人によってその内容は違ってくるものでしょう。でもそれはそれとして存在させ、それに向き合うことで生まれる辛さも、ときには喜びも皆で共有できる社会でありたいという気持ちをこれほど見事に示してくださった例は他にはありません。

それは、一九九八年の秋に、インドのニューデリーで開催された国際児童図書評議会（ＩＢＢＹ）の基調講演での皇后様のお言葉です。実はその年、インドが核実験を行ったために、現地にはいらっしゃれずビデオによるご参加になったのです。そのときのテーマは「子供の本を通しての平和」であり、皇后様は「子供時代の読書の思い出」という題でお話しなさいました。私も同世代なので同じ体験をしているのですが、第二次世界大戦の中で子ども時代を過ごしたために、なかなか本を手にすることができませんでした。でも、そうであったがゆえに、一つひとつの本を丁寧に読んだのです。

何気なくテレビのスイッチを入れたところ、思いがけない映像が現れ、本当に偶然お話をうかがうことができました。皇后様が原稿を手に静かにお話をしていらしたのです。思わず画面に向かい合い、お話をうかがっているうちに、ぐいぐいとその中に惹き込まれていきました。ふだんテレビから流れてくる音や言葉とまったく違う美しい日本語。そして何より語られている内容の素晴らしさ。ひと言も聞きもらしたくないという気持ちで聞き入りました。

その後講演録を手に入れ、何度も読み返しました。お話も素晴らしかったけれど、文章で読んでも、一つひとつの言葉に深い意味が込められているだけでなく、そのお人柄が偲ばれるものでした。疎開中、教科書以外にほとんど読むものがないという状態での寂しさ辛さは私もよく覚えています。

そうだ。私たちのこの体験から感じ取ったことを次の世代に伝えることは、生きるということを考える人を育てるためにとても大事なことなんだ。このお話をうかがって強く思いました。実は、これまで私は教育にあまり関心がありませんでした。仕事の中で、普及、啓蒙、教育という言葉は使わないようにしてきたほどです。一つは、前の世代の人たちから学び、考えることに懸命で余裕がなかったということがあります。若い人たちと一緒に仕事を楽しんではきましたし、専門外の方でも興味をもってくださる方と話し合うのは楽しいことでした。しかし、教えるのは苦手で、関心のある人は自然に育ってくれるだろうなどと思っていました。やっと自分の体験をもとに、若い人たちを意識しながら伝えるという作業は必要だと気づいたところです。

講演の中で皇后様のお使いになった言葉が心に残り、いつまでも忘れられません。これをこれからの社会づくりの基礎にしたい、子どもたちの教育もこれをキーワードに進めていけばよいのではないか。そう考えています。その言葉は「根っこ」と「翼」です。講演から引用させていただきます。

「父がくれた神話伝説の本は、私に、個々の家族以外にも、民族の共通の祖先があることを教えたという意味で、私に一つの根っこのようなものを与えてくれました。本というものは、時に子供に安定の根を与え、時にどこにでも飛んでいける翼を与えてくれるもののようです。もっとも、この時の根っこは、かすかに自分の帰属を知ったという程のもので、それ以後、これが自己確立という大きな根に少しずつ育っていく上の、ほんの第一段階に過ぎないものではあったのですが」（傍点筆者）

「それは春の到来を告げる美しい歌で、日本の五七五七七の定型で書かれていました。その一首をくり返し心の中で誦していると、古来から日本人が愛し、定型としたリズムの快さの中で、言葉がキラキラと光って喜んでいるように思われました。詩が人の心に与える喜びと高揚を、私はこの時初めて知ったのです。先に私は、本から与えられた『根っこ』のことをお話いたしましたが、今ここで述べた『喜び』は、これから先に触れる『想像力』と共に、私には自分の心を高みに飛ばす、強い『翼』のように感じられました」

「今振り返って、私にとり、子供時代の読書とは何だったのでしょう。

何よりも、それは私に楽しみを与えてくれました。そして、その後に来る、青年期の読書のための基礎を作ってくれました。

それはある時には私に根っこを与え、ある時には翼をくれました。この根っこと翼は、私が

外に、内に、橋をかけ、自分の世界を少しずつ広げて育っていくときに、大きな助けとなってくれました」（傍点筆者）

子ども時代の読書の体験を語られる中で、それが人間として生きていくための根っこと翼を与えてくれたとおっしゃっています。この言葉に込めていらっしゃる気持ちをきちんと伝えられるように、講演からさらに引用させていただきます。

まず、お話の初めの部分です。「生まれて以来、人は自分と周囲との間に、一つ一つ橋をかけ、人とも、物ともつながりを深め、それを自分の世界として生きています。この橋がかからなかったり、かけても橋としての機能を果たさなかったり、時として橋をかける意志を失った時、人は孤立し、平和を失います。この橋は外に向かうだけでなく、内にも向かい、自分と自分自身との間にも絶えずかけ続けられ、本当の自分を発見し、自己の確立をうながしていくように思います」。

もう一つは、結びです。「読書は、人生の全てが、決して単純でないことを教えてくれました。私たちは、複雑さに耐えて生きていかなければならないということ。人と人との関係においても。国と国との関係においても」。

このように生きるための「根っこと翼」なのです。私も生きるとはこういうことだと思います。そして、読書が大切な指南役をしてくれることも、その通りだと思います。何度読み返しても、根っこと翼という言葉で表現なさっていることの大切さを感じます。複雑さを複雑さとして受け入れ、それに耐えていくには、自分の根っこと翼をもてばよいのです。あらためてこう書くと、なんだ当たり前のことじゃないかと思われるかもしれません。しかし、当たり前のことほど明確な言葉で表現するのは難しい。この根っこと翼という表現は見事です。

複雑さに耐えて

さらに複雑さについて、より明確に示していらっしゃいますので、もう少し引用を続けます。

印象に残った本をいくつか取り上げられた中で、新美南吉の『でんでん虫のかなしみ』が語られます。

ある日、でんでん虫が、背中の殻に悲しみがいっぱい詰まっていることに気づき、友だちにこれではもう生きていけないと話します。たくさんの友だちに次々にそう話すのです。するとどの友だちも、私の背中の殻にも悲しみはいっぱい詰まっていると答えるのです。そこで、でんでん虫は、悲しみを抱えているのは自分だけではないのだということに気づき、私は私の悲しみをこらえていかなければならないと悟るのです。

この話を読んで、皇后様は生きていくことは楽なことではないのだという何とはない不安を感じることもあったとおっしゃっています。もちろん本には、愛や喜びについても書かれています。こうして多くのものを本から学び取ったお話の最後は、次のように結ばれます。少し長いのですが、とても印象深い言葉なので、引用させていただきます。

「読書は私に、悲しみや喜びにつき、思い巡らす機会を与えてくれました。本の中には、さまざまな悲しみが描かれており、私が、自分以外の人がどれほどに深くものを感じ、どれだけ多く傷ついているかを気づかされたのは、本を読むことによってでした。（中略）本の中で人生の悲しみを知ることは、自分の人生に幾ばくかの厚みを加え、他者への思いを深めますが、本の中で、過去現在の作家の創作の源となった喜びに触れることは、読む者に生きる喜びを与え、失意の時に生きようとする希望を取り戻させ、再び飛翔する翼をととのえさせます。（中略）

子供達と本とを結ぶＩＢＢＹの大切な仕事をお続け下さい。

子供達が、自分の中に、しっかりとした根を持つために

子供達が、喜びと想像の強い翼を持つために

子供達が、痛みを伴う愛を知るために

そして、子供達が、人生の複雑さに耐え、それぞれに与えられた人生を受け入れて生き、やがて一人一人、私共全てのふるさとであるこの地球で、平和の道具となっていくために」

児童図書に関する会議での講演なので、子どもの本という切り口でのお話になっていますが、ここで述べられていることは、私たちの生き方の基本です。自分の根っこと翼をもつことの大

切さ。あらためて口にすると当たり前のことに聞こえますが、今、本当に自分自身の根っこと翼をもとうという意識のもとに生きている人がどれだけいるでしょうか。痛みを伴う愛を知り、人生の複雑さに耐えて生きようとする人が、弾き出される世の中になってはいないでしょうか。世の中のありようとして、こうあってほしいという願いが、ここには込められています。痛みを伴う愛と複雑さに耐える。これこそ、この明るい未来の見えないときを転換させ、人間らしく生きる社会へと向かわせる鍵ではないでしょうか。

黒か白か、正か邪かと単純にことを分けてしまったり、子どもたちにもゆっくり考える時間を与えるより、早く答を出すようにと求めることをよしとしたり。人間が本来もっている、複雑さに耐える力をもっと大切にしたいものです。

複雑さに耐えるという場合の「耐える」は、「じっと我慢して面倒なことが行き過ぎるのを待つ」という意味ではないことはこれでわかっていただけたと思います。たくさん引用させていただきましたが、皇后様の別の講演からもう一つだけ引かせていただきます。

「子どもが生まれ、育っていく日々、私は大きな喜びと共に、いいしれぬ不安を感じることがありました。自分の腕の中の小さな生命《いのち》は、誰かから預けられた大切な宝のように思われ、私はその頃、子どもの生命に対する畏敬《おそれ》と、子どもの生命《いのち》を預かる責任に対する恐れとを、同時に抱いていたのだと思います。子どもたちが生きていく世界が、どうか平和なものであってほしいと心の底から祈りながら、世界の不穏な出来事のいずれもが、身近なものに感じられてなりませんでした」

複雑なものを複雑なものと認識すると、そこには畏れや恐れが生まれます。それを深く考え、見きわめ、その複雑さに対してどうにかして対処し、少しずつでもよいから問題を解いていく手がかりを探す努力をする。このような忍耐のいる作業を、こつこつと続けようということです。

具体的に眼の前にある問題として、地球環境問題、民族間の紛争（そこには、文明、文化、宗教などが関わっている）、南北格差の拡大、なぜ競争しなければならないのかがわからないままに進められている競争の激化、あらゆる分野でのモラル（士気と道徳観）の低下など……があげられますが、このいずれを取ってももつれた毛糸のようで、急にその解決法が見つかるようには思えません。

このような中で、「平和」「自由」「平等（公平）」などという、人間社会としての当然の基本を、口にするのも憚《はばか》られる雰囲気さえあります。戦争が、先に述べた複雑な事柄と絡まり合って身近なものとして存在しているときに、平和という言葉は、空しいかけ声にしか聞こえないからです。けれども、地球上のどの地域であれ、どんな理由があろうとも、子どもたちの上に爆弾が落ちるのを許すことはできないという気持ちは、誰もがもっているでしょう。なんとかして、その背後にある複雑さと向き合い、平和という言葉を明るく口にできるようにしたいと思うのです。

ところが、あまりにも複雑なものが一斉に襲いかかってくるために、「先行き不透明」とか「閉塞感」などと言って、それに向き合うことを避けている傾向が見られます。本来なら、社会の方向を示し、リーダーシップを発揮するべき位置にある人々が、責任ある態度を示さないこのような状況下では、若い人も夢や希望をもちにくいですし、それはあまりにも無責任すぎます。

「生命誌」の基本もここに置いてきました。生命誌の場合、常に人間だけでなくあらゆる生物に眼を向けていますので、根っこはすべての生物に共通なところまで戻ります。複雑さ、そしてそれに耐えられる根っこと翼という考え方で、科学のこと、教育のこと、社会のことを考えてみたいと思っています。

教育のあり方

今、誰もが教育が大事だと言い、確かにその通りだと思うのですが、いざ具体的な議論になると、そのほとんどが制度の話になってしまいます。常に言われることは、大学入試のためにそれまでの教育が歪められているということ、さらにはその先の企業の採用が問題だということです。そして、入試の科目は減らされていきました。受験地獄を避けるために。同時に、少子化で十八歳人口が減ることを見越した大学が入学志願者の減ることを恐れて、若者に嫌われないようにと科目を減らしたという事情もあるようです。その結果、生物学を学ばずに医学部や理工系の生物学やバイオテクノロジーの学科に入学する学生が増え、大学で補習をするような事態になりました。国立大学の医学部は生物学を入試の必須科目にすることになりつつあるようですが、とにかく入試制度が変わったことでよい結果が出たのか、それとも却って困ったことになったのかの検討もあまりなされないまま、制度の変更が繰り返されています。

最近は、科学技術立国という国の方針がある一方で、若者の理科離れが問題になっています。これも、一時期、経済や金融がもてはやされましたので、流行に敏感な若い人たちに、工学の知識をものづくりでなく直接経済に活かしたいという風潮になったことなど、社会の影響も大きいと思います。若い人たちが知的好奇心を失っているのではないと思いますので、科学の歴史も含めて社会との関係を伝え、今何が大事かということを一緒に考えながら、科学的に考えることの面白さや科学技術の重要性が的確に伝えられれば、有能な科学者や技術者は生まれてくるはずです。生きものが好きな人や、考えることが好きな若い人と接することの多い私は、そう思っています。

それよりも気になるのは、科学技術離れを嘆く大人たちの、時代認識や若者への期待の内容です。二十一世紀に入り、科学技術に期待されることは変わらなければならないはずです。IT革命とか生命科学の時代だというかけ声はかかりますが、コンピュータを使って何をするのか、生命科学研究の成果を医療に活用したとき、本当に人間は幸せになれるのかというような、人間の側から見た科学技術のあり方を考えることの大切さが忘れられています。

もちろん、科学と社会とか生命倫理などというテーマでこのような問題を扱おうとはされています。情報を専門家だけに止めずに、皆で共有することは重要ですし、社会の中で科学がどうあるべきか、クローン人間などの問題をどう考えるべきかなどの議論をすることは大事です。けれども、そこで話し合いをする人が、日頃から生命のことや人間のことを考えている人でなければ、本当によい答は出てこないでしょう。

科学や科学技術の専門家が、その成果で特許が取れるかどうかという類の話に巻き込まれている中では、すべてが経済の話になり、欲望を満足させるだけのものになってしまいます。科学は本来、自然を知り、人間を知ることを求めてきたのではないでしょうか。

人間って何だろう。私って何なのだろう。生きているってどういうことなんだろう。ひとりの人間が他の誰でもなく私としてこの世に生まれ、一生を送ることを考えたら、その一人ひとりが、私とは何かを問うのは当たり前のことです。貧しさや戦争の中にあって、毎日の暮らしに追われたり、明日生きていられるかどうかもわからない時代が長くありました。さいわい私たちは、あらゆる人が平等に生きる権利があるということを基本にした社会に生まれてきたのです。しかも、二十世紀の後半、日本は、平和の中で経済的に豊かな余裕のある国を作ることができました。このように恵まれた状態の中で、私たちはどんな人間として暮らしていったらよいのか、それを考える余裕を与えられている幸せを思い、それを考えるための教育が必要だと思います。

現在の教育制度の基本は、明治の初めに作られました。貧しくて読み書きを習う余裕などないと考えていた人たちに、よい国を作るためには無理をしてでも教育が必要だと説き、義務教育制度を普及したのは素晴らしいことでした。今、アフリカなどの開発途上国を訪れたとき、強く感じるのが教育の必要性です。教育と公衆衛生に関しては、経済力のある国が積極的に手伝うことが望まれます。そして、それ以外には手出しをしないことも。横道にそれましたが日本は江戸時代にすでに寺子屋という学ぶシステムができていたことを考えると、江戸時代という平和を基盤にしていた社会には、今後の社会づくりに参考になることがたくさんあります。何のために学校へ行くのか、何を学ぶのか。二十一世紀へ向けての学校のあり方は、明治の頃に求められたものとは異なっているでしょう。

人間とは何か。生きるとはどういうことか。私とは何か。これは、答の得られる問いではありません。だからこそ、あらゆる人が考える意味があるのです。数学の答のように、賢い人が答を出してくれるのをお見事と感嘆し、皆でそれを理解し、知識として共有するものではありません。あらゆる人がそれぞれに考える。考えるというプロセスそのものからその人の生き方が生まれてくるのだと思います。答がないのだから考えなくてもよいというわけにはいきません。むしろ、生きるってこういうことですよと教えられてしまったら、それから後の暮らしは味気ないものになるでしょう。いや、そんなことを言われてしまったら、もう生きる気力はなくなるかもしれません。

「根っこ」を張るところを探し、どっしりと根を下ろしながら、「翼」を広げて飛んでいくことを夢見る。そんな若い人たちがたくさんいる国だったら素晴らしいと思っていたら、国連難民高等弁務官を務められた、これまた素敵な女性である緒方貞子さんがインタビューで、日本は「人道大国」になってほしいとおっしゃっていました。そして、人道的な国際貢献が政策にも掲げられるようになり、その点では進歩したように見えるけれど、日本人の気持ちはむしろ最近「内向き」になっているように思えると心配なさっていました。私たちの生活が国際水準の中で豊かな部類に属することは決して悪いことではないのですが、世界で難民や貧しい人たちがどのような窮状にあるかについて思いをめぐらせる想像力が貧しいことが問題だという指摘です。しかし一方で、頼もしい若者も増えているということで、途上国で活躍している女性についても話しています。彼女は緒方さんの講演で聞いた大きな夢を抱いてください。ただ、軸足だけはしっかり大地の上に置いて歩んでくださいという言葉を実践していますと言ったのだそうです。これもまさに「翼と根っこをもつように」というメッセージです。今これが大事だということでしょう。

子どもたちに「根っこ」と「翼」をもってほしいですし、そのためには、まず私たち大人が、根っこと翼をもたなければいけません。

複雑さに向き合う

科学の世界でも複雑系という言葉をよく聞くようになりました。自然界は複雑系そのものです。ニュートンがそれを見て万有引力の法則を発見したというリンゴですが、リンゴが落ちるときも、その木が標高何メートルのところにあるかによって、実際の落ち方は微妙に違うはずです。同じ木から落ちる場合でも、その日の天候によって違うでしょう。しかも、嵐が吹いて実が落ちたとなれば農園主にとっては死活問題であり、引力も何もあったものではありません。それらすべてを数式で表現することなどできません。中でも、最も魅力ある複雑系には、生きもの、人間、さらには人間の心があります。そして、人間社会もこれまで述べてきたように複雑です。

科学が進歩して、物理科学が自然そのものを知る科学に踏み出したこと、生命科学への関心が高まっていること、自然についても局部的理解ではなく地球全体を理解しようというところまで来ていること（これは科学の進歩と同時に環境問題など具体的な課題を解くために、気象や海流など自然の大きな動きを知る必要が出てきたり、地震や台風などの災害への対処が求められるようになってくるなど、社会からの要望もあってのこと）などが複雑系という言葉を生み出したのです。科学は要素に眼を向ける学問ですから、対象を見るとき、どうしても要素に眼を向けます。ところが、ここにあげたようなものは、まず要素が無数にあります。しかも人間社会を考えればわかるように、要素同士が常に相互作用しており、その結果、全体として要素のはたらきの単なる総和以上の独自の振るまいが出てきます。生きものは要素に分けてしまえば、皆、DNA、タンパク質、糖脂質などの物質ですが、それらが相互に関係しながらはたらくことによって、「生きている」という、なんともふしぎな驚くべき現象が生まれます。このような驚きがあるから「考える」というはたらきが生まれてくるわけで、複雑さは考えることを要求します。複雑さにぶつかったとき、その面倒さに耐えられずに単純へともっていってしまうのが私たちです。生きものの場合も、何でも遺伝子で説明しようという動きが多いのですが、それは違うということは本書の中で何度も触れました。ただ複雑さを乗り越えるには、可能な限り合理性を追求して、さまざまな要素の動きをさまざまな視点、たとえば人間を対象にする場合でしたら生命科学、つまり物質の動きを見る物理学や化学や心の動きを見る心理学やその他多くの知を動員する必要があるわけです。そこで科学の場合、複雑系と言われることが多いのですが、これまで述べてきたように科学だけでなく日常も考えるには、〝複雑さ〟の方が合っているように思いますので、ここでは複雑さとして考えたいと思います。

複雑さの科学をうたって研究を行った研究所として印象的なのは、米国で一九八四年に設立された「サンタフェ研究所」でしょう。「複雑系の基礎研究」としてそこで行われたのは、複雑な対象をモデル化してコンピュータ・シミュレーションをして、そこから現実の対象を理解しようということでした。さいわいコンピュータはたくさんの要素があっても全部調べることができます。将棋や囲碁の棋士は、無数の可能性の中から次の一手を探し出すとき、素人には及びもつかないたくさんの手を考えはしますが、すべての手を調べはしません。経験と勘が活かされるわけです。しかし、コンピュータはすべてを調べる。こんな便利な道具を手にしたので、複雑さの科学が研究できるわけです。でも興味深いことに、未だにこれらのゲームは人間の方が強いので、複雑さの科学になかなか難しいものなのだということが直感的にわかるわけです。まだ外側から見て明確に理解できるほどの体系が生まれているようには思えませんので、このようにして複雑さを追っている研究者は複雑さの奥にすべての複雑さに共通なものを探ろうとしており、コンピュータ・シミュレーションという方法がある現在、その方法でそれを探ることができると考えているように見えます。日本には、「地球シミュレータ」という世界有数の演算力を誇るコンピュータ・システムがあり、環境問題もこれで解こうとしています。学問のありようとしてよくわかる一方、これで本質は解けないのではないかという疑問が湧きます。複雑さは複雑さとして受け入れるという答もあるのではないかと思います。生きものを見ているとそう思うのです。それはもちろんそこに神秘なものを残そうというような話ではなく、物事を知ろう、理解しようという気持ちは充分もちながらのことですが。

そう思っていたらどうも日本人は、物理学といえども複雑なものを複雑なままに捉えようとする傾向があると言われていることを知って面白いと思いました。金子邦彦さん（東京大学）は、私もときどき直接話を聞く機会があるのですが、カオスという切り口で複雑を考えているこの分野のパイオニアのひとりです。その金子さんが、「欧米の研究者は、複雑さと言いながら、なんとかして単純な形で理解しようとする傾向がある。だから、なんとかして複雑さを複雑なまま理解しようとする日本の研究が理解されにくい」と嘆いています。私は、現実にある自然や生きものを直視して、全体を見ようという日本の研究に大いに期待します。研究には方法がなければなりませんから、金子さんは複雑さをもった基本プロセスを考え、それを組み立ててモデルを作るという「構成的アプローチ」をしています。おもちゃのブロックのように、あれこれ組み立てていく感じ。そこで既存のものも作れるし、もしかしたらこれまでにはなかったものも、作れるかもしれません。このように考えるとなかなか楽しくなります。金子さんは、物語りの中の登場人物は、そのときの状況によってさまざまな振るまいをして、ときには最初に設定したのと違う方向へ話が展開することもあるけれど、これがまさに複雑さを示しているると言っています。物語りは、複雑さの研究のために人間が考え出した最高の方法ではないかというわけです。ここでその通りと小さな声でつぶやきます。生命誌の誌は、まさに歴史物語です。生きものを理解するにはそれが語る物語りを読み解くことであると考えています。「物語り」は、複雑さと向き合う一つの方法だということは、本を読むことの意味ともつながります。これについては第六章で考えます。

二〇〇四年のカンヌ映画祭で主演の柳楽優弥《やぎらゆうや》君が最年少で最優秀男優賞を取った映画「誰も知らない」の是枝裕和《これえだひろかず》監督も、「複雑な世界を複雑なまま表現する」と話しています。この映画は、父親がすべて違う四人の兄弟姉妹と母親の生活、さらには母親に新しい恋人ができて、結婚すれば今に大きな家にも住めるようになるんだから、皆で一緒に生きていくようにという言葉と二十万円を残して消えてしまったという、実際に起きた事件を描いたものです。そこでは誰が正しいとか誰が間違っていたとか、大人はこうあるべきなどというメッセージはなしに、暮らしそのものを描いています。

是枝監督の、「華氏９１１」のマイケル・ムーア監督評はとても興味深いものです。この映画は、他者への想像力の欠如した下品な態度を取った米国のブッシュ大統領への批判として製作されたと捉えたうえで、この映画での批判の方法は、相手に対する想像力を欠いているという点では同じところにいることになるという分析です。複雑なものにそのまま向き合い、問い続けることでしか、豊かな思考へは導けないというのです。映画という現代の物語りも、今複雑さと向き合っているという話は、とても印象深いものでした。

私も、どこかに新しい知のかたちを作れるまで、生命誌という物語りを少しずつ紡いでいくことで、複雑さに向き合おうと思います。

第五章　愛づる——時間を見つめる

虫愛づる姫君

生きるということを大切にしたい。そこで現代の知を象徴する科学を基本に置きながら、生きているとはどういうことかを考えてきました。科学はあまりにも強力な知であったために、科学的という言葉が正しさと同義語のように使われているけれど、そうではないだろうという素朴な問いから、科学と日常をなんとか重ね合わせようとしてきました。何でも単純化していくことがわかることだと思わずに、複雑なものに複雑なまま向き合うこと、ときにそれに耐えることが大切だという点にも触れました。

生命科学が明らかにした、地球上のすべての生物が同じＤＮＡを共有するという事実は、二十一世紀の自然観、世界観、人間観を形成するうえで最も大切といってもよいことですが、ＤＮＡを分析的に捉え、遺伝子を単位として見たのでは、生きものらしさを表現する力を発揮できないばかりか、生命体を機械のように扱うという逆の動きにつながりかねません。そこでゲノムを単位とするところまで来たのですが、ＤＮＡを遺伝子として見るのとゲノムを単位として見るのとでは、どこがどう違うのかということが問題になるわけです。これまでの章もそれをめぐって考えてきたつもりですし、生命科学から生命誌への移行もまさにその表われです。

科学でなく「誌」として考えることについては、本書の最初にも書いたように、生命誌への入口となった『自己創出する生命』が基本です。生きものは誰かが設計図を書いて作ったものではなく、常に自分で時間を紡いでいるものなのです。

その時間の紡ぎ方を具体的に見せてくれるのが、ゲノムというわけです。それは一つには三十八億年前に地球上に登場して以来の生命の流れとしての時間であり、もう一つは、ある個体が生まれ、育ち、老い、死んでいくことによって紡ぎ出す時間です。そのプロセスが生きていることでもあるわけで、構造と機能に注目する科学に対して、「誌」はときを紡ぐ物語りになるのです。

この科学と「誌」の違いを明確に示す事柄を探しているときに、哲学者の友人が「愛づる」(現在の表記法では「愛ずる」ですが、本来は「愛づる」です)という言葉を教えてくれました。

彼は、お母さんが幼い子の面倒を見たり、ご隠居さんが盆栽を眺めているという例をあげて、そのときの気持ちが「愛づる」だと説明してくれました。そして、「愛づる」をとてもよく語っている物語りとして「虫愛づる姫君」を示してもくれました。この話は、子どもの頃に聞いたことはありましたが、物語りとして読んだことはなく、虫を可愛がるちょっと変わり者のお姫様の話としか受け止めていませんでした。教えられて読んでみて、初めて「愛づる」の意味がわかり、今ではこの言葉こそ、生命について考える鍵になると思っています。

十一世紀に書かれた短編集『堤中納言物語』の中の一つが「虫愛づる姫君」です。蝶が大好きなお姫様のお隣に、こちらは毛虫が好きな女の子が住んでいます。女の子といっても大納言の姫君、おつきの人もたくさんいます。でも毛虫が好きなんて……周囲の人は恐がって逃げてしまいます。そこで、男の童に虫たちを集めてもらい、箱や籠の中に入れ、名前をつけて遊ぶのです。

このようにあらすじを書いていくだけでは、虫が大好きな変てこな女の子がいたで終わってしまいます。私も以前はそうとしか思っていませんでした。ところが、細部を読むと面白い。とにかく姫君の言葉を聞いてください。

「人びとの、花、蝶やと愛《め》づるこそ、はかなくあやしけれ。人は、まことあり。本地《ほんぢ》尋ねたるこそ、心ばへをかしけれ」と言って、「よろづの虫のおそろしげなるを取り集めて、『これが、成らむさまを見む』とて、さまざまなる籠箱《こばこ》どもに入れさせたまふ」のです。人びとは、花や蝶は美しいと言って褒めたたえるけれど、実は、蝶になるもとは毛虫。ここにこそすべての基本があるわけではありませんか、というのが姫君の言い分です。そして毛虫が蝶に変わっていく様子を観察しようと、箱に入れさせるのです。「よろづのことどもを尋ねて末を見ればこそ、ことは、ゆゑあれ。いとをさなきことなり。鳥毛虫の、蝶とはなるなり」。

これが「愛づる」です。見たところがとても美しいから可愛がるというのではなく、対象をよく見つめていると、その本質が見えてきて、愛らしくなると言っているのです。ここには「本地《ほんぢ》尋ねたる」とあり、この「本地」は仏教の言葉でしょう。

物語の中で本地という言葉が登場するのは、これが初めてだと教えていただき、とても興味深く思いました。

本質を見る。今私たちが生きものの研究をするにあたって常に考えていることは、本質を見るにはどうしたらよいだろうということです。平安時代のお姫様ですから、顕微鏡があるわけでも、ましてやDNAを分析できるわけでもありません。けれども、毛虫が変化していくのをじっと見つめていることで、本質が見えるという自信をもっている。道具の問題ではありません。心がけとして、対象がときを刻んでいく様子を見ると、生きることの本質が見えてくるということがわかっているのです。

両親はこの風変わりなお姫様を困ったものとは思っていますが、もちろん、愛しています。「外聞が悪い」と言う両親に「きぬとて人の着るも、蚕《かひこ》のまだ羽《はね》つかぬにし出だし、蝶になりぬれば、いと喪袖《もそで》にて、あだになりぬるをや」、つまり、「絹糸を吐くのは蚕で蝶（蛾）になってしまったら、もう役には立ちません」と理屈で対応し、有用性まで語るとは、現代のバイオテクノロジストも顔負けです。

このお姫様には、もう一つ興味深いところがあります。

「人は、すべて、つくろふ所あるはわろし」と言って、当時は十二、三歳になると行う風習であった眉を抜くことも、お歯黒をつけることも「うるさし、きたなし」と言って行いません。虫を見るときは髪の毛が邪魔なので耳はさみ（耳の後に髪をかける）します。自然志向で合理的、ますます現代生物学者そのものです。

童《わらわ》に採ってもらっただけでは飽き足らず、採集も積極的。名前を調べて、新しいものには自分で名前をつけるのです。「この虫どもを取らせ、名を問ひ聞き、いま新しきには、名をつけて興じたまふ」とあります。この種の学問などないときに、なかなかのものです。

物語りとしては若い公達も現れ、その間のやりとりからもちょっとこのお姫様変わり者ですよということが強調されます。もちろん人間の男性に対する態度にもお姫様の特性が見られ、物語りの分析としてはそれも重要ですが、ここでは虫との関わりの部分に絞ります。

丁寧に読んでみて、本当にびっくりしました。今私が生命誌として生きものに向き合う気持ちと、ぴったり重なり合うのですから。十一世紀といえば平安時代。私たちは『源氏物語』の世界を思い描きます。もっとも、『源氏物語』にも小雀を捕まえようとする若紫が可愛く描いてあり、当時から身近な生きものへの関心はそれなりにあったのだろうとは思うのですが、こんなに見事に、二十一世紀に現れても通用するようなお姫様がいたとは……。もちろんこれは物語りですが、このようなお話が書かれたということは、当時の社会にこのような例があった、またはあり得たということではないでしょうか。

興味を惹かれて、解説書をいくつか読んだところ、文学の中では、どうもこのお姫様、評判が悪いというか、否定的に扱われているようです。たとえば、

●「本地《ほんぢ》尋ねたるこそ、心ばへをかしけれ」（物の本質を追求するのがいかにも心だてに趣きがあり、興味もある）

●「成らむさまを見む」（変化をするものなら、その変化の様子を見よう）

●「烏毛虫《かはむし》の心深きさましたるこそ、心にくけれ」（毛虫の考え深そうにしているのが、奥床しい）

●「名を問ひ聞き、いま新しきには、名をつけて興じたまふ」（名を問い、新しいものには名をつけて面白がっていらっしゃる）

●「人は、すべて、つくろふ所あるはわろし」（人は何でも装いつくろうのはよくないことだ）

●「けしからず、凡俗《ばうぞく》なり」（毛虫を嫌うなんて、とんでもないことで下品よ）

という姫君の行動はすべて貴族社会の良識に対する批判や反抗として説明されています。そして、このお姫様はそのような現実に対して、自分のアイデンティティを確立しようとしているとあります。現代ならなかなかのものとなるのでしょうが、日本文学のヒロインとしては変わ

り者の困り者ということです。中には、このお姫様は十代から二十歳までの女性がかかる萎黄《いおう》病《びょう》という病気で、その結果、異嗜性《いしせい》（この場合は毛虫好き）を示したのだという解釈もあったようで、良識に反する人は病気で説明してしまおうという風潮も感じられます。私としては、こんな魅力的なお姫様に対してそれはないでしょうと抗議の気持ちが湧きます。生命誌の視点からこれを読むと、虫をよく観察し、そこに生きることの本質を見出し、自分で考えていく姫君は、自然を理解したうえでその中での生き方を考えた素晴らしい人となります。しかも、そこで基本にしたのが「愛づる」であったのですから、これをそのまま二十一世紀に移して、活かしたいと思います。

実は、川端康成にこの作品研究があり、そこではこうなっています。「『蟲めづる姫君』の一篇に盛られた思想の哲学的基礎は『思ひ解けば物なむ恥かしからぬ。人は夢幻のやうなる世に誰かとまりて悪しき事をも見、善きをもみ思ふべき』（人は悟りきってしまえば、どんなものでも恥ずかしいなどということはない。夢か幻のように頼りなくはなかい世に、誰がいったいいつまでも生きながらえて、これは善いことだ、これは悪いことだと言って諸々の現象を見たり、思ったりできようか）という仏教的思想であるが、要するにこの作品の特徴は当時の仏教的思想から引き出し得る最大限の科学性にある。蓋し、物の本体を追求しようとする精神、事物をその生成発展の過程に於て実証的に観察しようとする自然科学にまで通ずる方法、実に当時の情趣生活の対蹠的なものを表現しようとする意志などが、遥か古き時代に於いて取上げられた点、この作品が近代の共感を誘う所以である。決して単に変態的性格の描写が中心主題であったと認むべきではない」（仮名遣い、漢字は現代風にしました）。私が自然を見る本質を受け止めたところを肯定的に見ており、ほっとしました。

そして、川端はこの作品を、『源氏物語』の英訳者として有名なアーサー・ウォーリー Arthur Waley が「The Lady who Loved Insects」として翻訳し、一九二九年に発表していることを紹介しています。

対象の本質へ

このような「虫愛づる姫君」の本文や解説をもとに、二十一世紀の生命誌の立場から、お姫様を見てみます。

川端康成が言っているように、物事の本質を追求しようとする精神、事物をその生成発展の過程において実証的に観察しようとする方法は、まさに自然科学のそれです。

すでに何度も触れたように、現代自然科学は十七世紀に西欧で誕生したものです。その背景にはキリスト教世界がありましたが、科学の祖とされるガリレイやニュートン、その思想的基盤を提供したデカルトなどのいずれもが決してその世界を否定していたわけではありません。

むしろ、キリスト教的世界観を踏まえたからこそ出てきたものだったと言ってもよいかもしれません。もっとも、デカルトの機械論的世界観、ガリレイたちの観察を支えた望遠鏡や顕微鏡などの新しい道具など、革新的性質をもった近代科学に比べ、平安時代の姫君は、仏教思想の中で、ただ箱の中の虫を眺めていただけです。しかし、そこで対象の本質こそ大切だと言い、美しい蝶の本質はすでに毛虫の中にあるということを見ているわけです。卵から幼虫へ、そして成虫へという変化を追って調べるのが発生生物学ですが、その基本を捉えています。これが十一世紀のことですから驚きます。

変てこな女の子なんてとんでもない。見事な生物学者です。生物学の中でも最も生物学らしいのが発生生物学です。卵から生きものが生まれてくるところに始まり、生きていく過程を対象にします。同じような丸い卵から、トリも生まれればカメも生まれる。生きもののふしぎを最も強く感じさせるところです。現代風に言うなら、トリの卵にはトリのゲノムが、カメの卵にはカメのゲノムが入っており、それが読み解かれていくわけで、今様の虫愛づる姫君はゲノム研究をすることになるのです。

筆がどんどん滑りそうなのでここで止めますが、「愛づる」の意味はこれで明らかになりました。愛づる相手は生きもの。生きものが少しずつ変化する様子を見つめ、それにひたむきに惹かれていくのですが、それはただ愛するのとは違い、よく観察することによってふしぎを見出すという作業です。姫君はそのふしぎの本質も捉えています。美しい蝶を蝶たらしめる基本はすべて毛虫にあると。これは現代科学が求めている「究める」という態度です。

西欧での科学革命が十七世紀、そこで育ったものが、明治維新つまり十九世紀終わりに日本に入ってきたというのが、日本での科学の歴史として語られることです。だから、日本人は科学的精神をもっておらず、基本は欧米の人が進め、日本人は二次的なことばかりやっていると言われ続けてきました。

ところが、十一世紀の京の都に、毛虫を見つめて、生きることの本質を考えていた姫君がいたわけです。もちろん、それは機械論的世界観とつながるものではなく、「愛づる」気持ちを生み出したというところが違っています。

これが非常に面白いと思います。川端康成の言うように、背景にあるのは仏教思想ですから、人間だけが特別で、生きものは機械として見ていくという考え方は決して出てきません。「虫愛づる姫君」では、右馬佐《うまのすけ》というちょっとおっちょこちょい風の公達が、姫君の噂を聞いて大いに興味をもち、恋文と一緒に蛇の玩具を袋に入れて贈ります。袋から飛び出す蛇に、皆大騒ぎ。姫君ももちろん驚きますが、震えながらも皆を諫めます。「南無阿弥陀仏。前世の親でしょう。これにも因縁がわかるらしいのはふしぎなこと」と言うのは、仏教の世界、輪廻で、私も蛇とつながっているということでしょう。そして、それは対象を科学的な眼で見ていても、その気持ちと行為は「愛づる」となっており、対象との間に愛の気持ちを生み出し、しかも他の人にもそれをもつように言うわけです。

宗教学者の中沢新一さんは、神話的思考から始まった「カイエ・ソバージュ」というシリーズで二十一世紀の思想の革命を語っています。その基本は「対称性」であり「無意識」です。これは、今生命誌で考えようとしていることにとって最も魅力的な思考の試みです。このシリーズは一字一句息を詰めながら読んでいるのですが、最終巻『対称性人類学』の中で著者は「仏教は野生の思考のもっとも高度に洗練された形態にほかならない」と言っています。仏教を一神教と並ぶ宗教の一つと考えずに、野生の思考を発達させてきた思想と捉えると、姫君の中での仏教思想を生命誌とつなげることができます。

これまで、西欧型の科学を基盤に作ってきた科学技術文明が曲がり角にあり、第四の革命のときにあると言い、そこでは価値観の変換が必要だと考えましたが、そこで求めていたものが、まさにこの姫君の中にあると思います。もう少し広く考えるなら、仏教は、第四の革命を支える思想になる可能性が高いと思います。

愛づるはloveではない

「愛づる」。ウォーリーはこの物語りに「虫を愛する女性」という題をつけました。愛はlove

と訳しました。でも「愛づる」は love ではありません。この物語りの最初は「蝶めづる姫君の住みたまふかたはらに、按察使《あぜち》の大納言の御女《おほむむすめ》……」なのです。

まず、「蝶めづる姫君」がいらっしゃる。この姫君については何も書いてありませんが、蝶はひらひら可愛く飛び、きれいですから、これを「愛づる」のは love でしょう。もっとも文学者の中での解釈は、貴族の姫君が実物の蝶を愛玩するのは、珍奇な印象であり、その隣に虫を愛玩するさらに奇怪な姫君が住んでいるという設定であるとなっています。この物語りは、あくまでも王朝貴族の優美な美学に対する露悪思想や猟奇趣味を反映する頽廃精神の産物として扱われてきたようです。しかし私が読む限り、姫君の周囲の人々の態度を見ても露悪、猟奇、頽廃とは思えません。文学者の読み方は読み方として、私は生命誌の立場で素直にこれを読みたいと思います。

虫愛づる姫君の「愛づる」は、love ではなく、philosophy の philo- だと思います。love はエロス的で性愛的なものを含む、美しい（と思う）もの、可愛い（と思う）ものなどへの愛。この他にも agape という神様の愛のような無償の愛があります。そして、もう一つが philia、哲学は philosophy で智を愛する、愛智です。明治時代の学者・西周《にしあまね》が明治時代に「哲学」と訳したと言われますが、言葉どおりに日本語にすれば「愛智」です。この愛と同じ内容が、この姫君の「愛づる」だと思います。この愛は通り一遍では生まれません。一目惚れという話にはならないわけです。よく本質を理解して、初めて生まれてくる愛。しかもその奥に、客観的対象として見るだけでなく共にあるという感覚が存在するときに生まれてくる愛が「愛づる」です。

十一世紀の日本にすでに、現代の私が生命を対象とするときに求めている基盤があったということは、驚きと同時に喜びでもあります。

科学は因果関係を知る作業です。仏教にも因果応報という考え方はあるわけで、その点では同じではないかとも言えますが、科学の場合、因果と言っても「因」があって「果」へと飛ぶのではなく、その間のプロセスを追う作業をします。それを確実に追ったとき、科学的と言うわけです。「虫愛づる姫君」がとても魅力的なのは、まさにこのプロセスをきちんと見ていることです。姫君は、蚕は絹を出すけれど、成虫になったら出さなくなると言っています。日本の社会にこのような見方が存在していたのだとしたら、これが大きく展開して科学にならなかったのはなぜか。この問いの中に今私が求めている新しい「知」の手がかりがあるような気がします。

この姫君で興味を抱かざるを得ない点のもう一つは、変わり者だ、困り者だと言われながら、どう見ても両親も侍女もこの姫君を嫌ってはいない、ましてや憎んではいないということです。どちらかと言えば、姫君は周囲の人たちの「愛づる」対象になっているように見えます。この物語りを読んでいて、どこにも悪者はいません。皆少しずつずれていてそこが面白いのですが。登場する公達もなかなかの若丈夫のようなのになんだか姫君とはすれ違いのようで……「愛づる」は決して悪い方へは作用しないということが、ここから読み取れます。愛づる者は自らも愛づる対象になるのです。このような関係の社会は暮らしやすそうです。

愛づるはどこへ

それにしてもこの後、「愛づる」はどこへ行ったのでしょう。日本では西欧のような科学を生むことにはならなかったわけですが、消えてしまうはずはありません。

四章で夏目漱石の『草枕』の冒頭を引用しました。彼はとかく住みにくい世の中、なんとかするのは芸術だと言い、私はここでひと踏ん張り、ゲノムや生命誌もなんとかする役割をもち、その一翼を担えないかと思っていると書きました。実は「愛づる」を追いかけていくと、これはどうも芸術の方へ行ったようなのです。漱石が芸術に住みやすさづくりを求めたのもこの背景があってのことでしょう。

明治の歌人、佐佐木信綱が「『愛《め》づる心』が歌の基本だ」と言っていることを知りました。和歌という日本文学の底流の中に「愛づる」が続いてきたわけです。和歌についてここで論じるだけのものをもっていませんが、基本が「愛づる」であるということはよくわかりますし、そのようなかたちで日本社会の中には「愛づる」があり続けたのだということも納得がいきます。

ふと、ここで思い出したのが、芭蕉の「よく見ればなずな花咲く垣根かな」です。牡丹や薔薇が咲いていましたとなれば、誰もがきれいですねと言うでしょう。大輪の花が咲いていればあまり注意深くない人でも気づきます。しかし、「よく見ればなずな花咲く垣根かな」となると、そこに特有の見る眼が必要です。なずなは目立たない花ですからよく見なければ見えません。ですから、「よく見ればなずな花咲く垣根かな」と言われると、一緒にじっと見つめる気持ちになりますし、とても豊かな自然と人の気持ち、さらにはその間の関係を思い浮かべます。牡丹や薔薇の花の話より、はるかに自然の美しさを感じさせます。「愛づる」気持ちがなかったら、この俳句は出てこないでしょう。「よく見れば」が鍵であり、そうやって発見したときには、その対象を「愛づる」ことになります。そして、それと同時におそらくその句を作ったことで、作者も皆の「愛づる」対象になるのだと思います。

科学も「よく見れば」から始まります。ぱっと見て美しいと思うものを対象にするわけではありません。よく研究者は研究対象と似てくると言われますが、これは「愛づる」の表われかもしれません。自分の眼でよく見るということは、考えることであり、言葉を練ることです。それとつながっているのが「愛づる」です。科学を考える言葉は外来語であることが多いのですが、基本にこの「愛づる」という大和言葉があると、日本の科学は独特のものになるかもしれません。

「愛づる」がどんなかたちで続いてきたかというときに、はっきりと和歌はそれを意識していたということがわかり、なるほどと思いましたが、このように明確に宣言していなくても、日本人の日常には、少なくとも最近のあまりにも人工化した暮らしになる前までは、「愛づる」が社会の基本に流れていたように思います。

愛づると赤ちゃん

生きものは複雑です。わけのわからないところがたくさんあり、ときに面倒なものだったり、恐いものだったりもします。でも、それを見つめ、そのふしぎに惹かれれば「愛づる」という状態が生まれるものなのです。

たとえば、赤ちゃん。一般的に赤ちゃんは可愛いものであり、とくに親は無条件にそれを可愛いと思うものとされています。本能とよく言われて。近年、赤ちゃんをどのように扱ってよいかわからない人が増えて、ときには虐待などという場合も出てきています。その場合、他の生きものだって、皆赤ちゃんを育てているのに、人間はどうなってしまったんだろうと言われます。でも、実際に眼の前にいる赤ちゃんは、よくわからないものというのが実感でしょう。

生まれた子どもが育っていくのを見たとき、喜びと共に不安を感じる。とくに初めて子どもを育てるときの不安は大きいものです。相手は小さな存在ですが、とても複雑だからです。でも、それを見つめ、そのふしぎに惹かれれば、「愛づる」気持ちが生まれてくることになります。赤ちゃんと虫を一緒にしては叱られるかもしれませんが、姫君が虫の本質を見ていたのと同じように、赤ちゃんの、もう少し一般的に言うなら、人間の本質を見つめることをしなければ、「愛づる」は生まれません。しっかり抱っこをして授乳をすれば、どうしたって見つめることになります。小さな赤ちゃんのしぐさにも気づき、何も言わないけれど、何かを言っていることがわかってきます。

今、母子関係に多くの問題が指摘されています。赤ちゃんをどうやって抱っこしてよいかわからないというところから始まり、母親が鬱《うつ》状態になったり、子どもに問題が起きたりしています。前に引用させていただいた子どもの本のお話の中で、皇后様も「喜びと共に、いいしれぬ不安を感じることがありました」「生命に対する畏敬《おそれ》と、子どもの生命《いのち》を預かる責任に対する恐れとを、同時に抱いていた」と話していらっしゃいます。誰もが不安や恐れを抱くのが育児でしょう。ある日、とても複雑で、扱い方のマニュアルもないものが眼の前に現れるのですから。

親なら育てられるはずだろうと言われても困ります。とはいえ、炎天下の車の中に子どもを置いたままパチンコをするなどという親が増えるのは困りものです。最初に、しっかり抱いて見つめる。ほんの少しずつでも育っていく実感がもてるように、共にいる時間を大事にする。この間に赤ちゃんの中に本質が見えてきて愛づる心が生まれるはずと言い切るのは、平安時代の姫君を信じてのことです。

風の谷のナウシカ

宮崎駿さんの『風の谷のナウシカ』、私の友人でも好きな人の多い作品です。生命について考えている人にとっては、心に訴えるものがありますから。この名前はギリシャ神話からとったそうですが、実はイメージの基本には「虫愛づる姫君」があったと知って驚きました。「ナウシカを知るとともに、私はひとりの日本のヒロインを想い出した」と言って、この姫君のことを書いている宮崎さんは、この姫君が変わり者扱いされていたことを気にしています。現代ならまだしも、あの平安時代の貴族社会であの女の子が上手に生きていけるはずがないと思い、その運命を慮《おもんぱか》っているのです。そして「私の中で、ナウシカと虫愛ずる姫君はいつしか同一人物になってしまっていた」とあります。

「かつて栄えた巨大産業文明の群は時の闇の彼方へと姿を消し、地上は有毒の瘴気を発する巨大菌類の森・腐海に覆われていた」という中で、わずかに海からの風で守られているのが風の谷です。そこで菌や植物を採集し、育てるナウシカとして姫君が現代に生きていると作者は言っています。でも、虫愛づる姫君とナウシカを比べると、この世界は平安の世以上に、本当の意味での自由がない世界に見えます。さいわいナウシカは、皆から、部族の人はもちろん、キツネリスのテトからも愛されている――つまり「愛づる」対象になっているので救われますが。

でも、彼女は戦わなければなりません。幼いナウシカが大事にしていた王蟲《オーム》の幼生は、大人たちに取り上げられます。「蟲《むし》と人は同じ世界にはすめないのだよ」と言われて。もちろん風の谷はせっかく腐海から守られていたのに、蟲を入れると腐海の蟲たちを呼んで住めない場所になる危険があるのですが、ここでのこの言葉は微妙です。

平安の頃には少なくとも、人びとは虫を取り上げはしませんでした。皆の心にも、すべての生きものを生きものとして見る眼があったからです。それに対して、ナウシカをとり巻く大人が作り上げてきた世界は、蟲と共には住めないところになってしまっているのです。現代社会は「生きものを愛づる」という基本から見たら、とても住みにくいところになっていることを反映した場面でしょう。宮崎さんは、平安の姫君がちゃんと大人になれただろうかと心配していますが、姫君よりも現代の人びとについての心配の方がより大きいかもしれません。

「愛づる」という愛には、もちろん「心」が関わってきます。科学にこだわると、心に関わるものを取り込むことは避けなければならなくなりますが、生命誌では、生きる、重なる、耐える（複雑さを大切にする）などの言葉にも込めているように、生物を機械として捉え、その構造と機能を理解することを求めるのは止めようと考えています。基本に「愛づる」を置くことにより、生命誌という知を心につなげていきたいと考えています。

大和言葉で考える

遺伝子は、gene の訳語です。遺伝子には、親から子に性質を伝えるという遺伝だけでなく、一つひとつの生きものを作り出すという役割があり、gene という言葉には作り出すという意味があることは前に述べました。一方、遺伝子となると「遺伝」という言葉が強すぎて、決定論になりやすいのではないかという危惧についても述べました。何かを考えるときに、言葉の問題は決しておろそかにできません。言葉は思考に大きな影響を与えます。生命誌では生きものを知るという原点から大和言葉で考えてみるということも、大事なのではないかと思っています。

これまでの科学は、西欧から取り入れたと位置づけてきましたから、内容を説明するにも西欧の言葉の方が適していました。ですから、翻訳した言葉だけで考えてきましたが、ここで第四の革命と言っている変化を求めるなら、自分たちの言葉で、自分たちで考えて、自分たちで発信していくことが必要です。その場合、中心に「愛づる」という言葉を置くことができるのではないかと思っています。

哲学者の市川浩先生が、精神と身体という二元論があるが、日本語の「身《み》」という言葉はその両者をつなぐことができると語っています。著書『〈身〉の構造』の身は、身体論から世界を捉えたときの哲学用語ですが、おそらく「愛づる」は生命誌の中で身と心をつなぐ言葉になると思います。

実際、生物学者を見ていると、その対象を愛でていない研究者はいません。科学技術となるとちょっと違うでしょうが。大和言葉を用いながら考えを綴っていくことは、科学を踏まえながら、全体と分析とをつないで考えていく方法論になるかもしれないと思っています。

たとえば、「もの」という言葉があります。これも、つなぐ意味をもっています。科学技術文明への反省として、今まではものの時代だったが、これからは心の時代だという話がよくありますが、実は「もの」となると心とまったく別ではありません。漢字で書いて物《ぶつ》と読むと、これは心とは無関係です。私はこの本では「生きもの」という言葉を使ってきました。「生物」と言うと、研究室の中にいる、分析や還元の対象物に見えてきますが、「生きもの」と言ったときには、自然界で動き回っていたり、身近にいて心を慰めてくれるものになって、分析や還元の対象ではなくなり、ときには掌《てのひら》にのせたり頭を撫でたくなります。

医学史の立川昭二先生が、「物」をブツ、モツ、モノに分けて興味深い視点を出しています。物質、物体、物件、物品、薬物、廃棄物、建築物と言うと、まったく客観的な存在になり、私との関係があるものにはなりにくいのです。なんだか犯罪捜査を思い出したりします。それがモツになると、書物、食物、作物、荷物、貨物、進物など、ちょっと個人に近くなります。「これ、私の荷物よ」とか、「書物は大切にしましょう」などのように。それがモノになると、さらに日常的で身近になると同時に心との関わりが生まれます。食物と言うより食べものと言った方がおいしそうに響きます。夕飯のお菜は何にしようと考えるときは「食べもの」です。誰と一緒に食べようとか、思いっきりおいしくお料理しようと言う場合も、思い浮かぶのは「食べもの」であって「食物」ではありません。着物、履き物。建築物と言うととても無機的ですが、建てものと言うと人が住んでいる場所というイメージで、壁に絵が掛かっている様子まで浮かびます。

「もの」と言っているときは、心が入っています。物という字をブツと読んだら、物と心になるけれど、実は物と心は分かれているものではなくて、心の込もった物が大切なわけです。モノづくりの時代は終わって心だと言ってみても、物は必要です。モノづくりを止めたら、暮らしていけません。ブツを作らずに、モノを作ればいいわけです。ブツ作りは、効率よく一律にどんどん作ればいいわけですが、モノづくりは一品一品心を込めて作るのです。だから、たぶん次の時代に私たちがやるべきことは、物か心かと分けて、物の時代でなく心の時代だと言ったり、いや物が大事だと言ったりするのではなく、心を込めたモノづくりの時代にすることでしょう。物や身という大和言葉は、二元論ではなく、また単に一元論でもなくて、ある種のつながりを含んだ言葉です。だから、身も物も実体は物質でありながら、どこかに心が絡んでいるのです。「愛づる」は反対に心の側からものへとつながる言葉です。

大和言葉の中には日本人の気持ちや、それを動かす日本の自然が反映されています。今注目しなければならないのは自然であり、自然の中に生きものを見ることです。たとえば山を見るにしても、山を無機的なものとして見るのではなく、木が生えて、川が流れている動的な姿を見ていきます。生態系です。川の中には必ず生きものがいます。その川がきれいか、どう流れているか、それはすべてそこにいる動物たち、そこに生えている草などでき上がっています。ですから、山も川も生きものという切り口で見て、生命を基本にする価値観を作っていくことが重要です。言葉は必ず社会や文化を反映していますし、文化は必ず自然を反映していますから、自然のことを考えよう、生きもののことを考えようとしたら、言葉にこだわるのは当然です。

西洋のものを徹底的に学ぶには、西洋の言葉で学ぶのが速いので、これまでの科学はそのような言葉を使ってきました。しかし、これからは日本の豊かな自然の中で考えた生命観を発信していく時代ですから、大和言葉に眼を向けると面白いと思います。もちろんすべてをそれで語ることにこだわるものではありませんが、外国語を片仮名表記することですませてしまうのでない姿勢をもちたいものです。

「時」が大切

先に、日本の歌ごころの基本を愛づる心にあると言っていると紹介した佐佐木信綱は、実は人間と自然の関わりの基本は二つあると語っており、愛づるの他に「広く深くおのがじしに」をあげています。それぞれの個性も大切だということです。

自然に対して、ただ見るとか、ただ付き合うのではなく、個性をもち、しかも「愛づる心」で付き合うことが和歌の心ということですが、信綱のお孫さんである佐佐木幸綱さんが、それをアニミズムではないかと語っていらっしゃいます。

佐佐木さんは一年間のオランダ滞在で、中世以来、街の中に人工的に造った森がとても素晴らしいと感じ、休日のたびに散歩をしているうちに、何か物足りなくなってきたのだそうです。その理由を考えたら、その木が全部数十年のもので、百年とか三百年という古木がないことに気づきました。日本の神社にご神木としてある何百年も生きた古木がとても懐かしくなったとのことです。古木が懐かしいなどと思ったのは初めての体験であり、これが「愛づる心」かと思ったというわけです。ただ付き合うのではなく「愛づる心」で付き合うということ、自分は日本の中で古木とそういう関係にあったのかと感じられたそうです。お互い気持ちが通じるという意味で、これはアニミズムだろうと思ったとのこと。アニミズムという言葉は、いろいろな使われ方をされますから、今生命誌で考えようとしている「愛づる」がアニミズムとどう関わるかはもう少し調べる必要がありますが、古木との関わりというところはとても興味深いことです。というのも、「愛づる」は時間をかけて付き合うところから生まれるものだからです。

つまり、ここで重要なのは「時」です。生命誌の生命科学との違いは、「時」を考えるということです。どんな小さな生きものにも必ず三十八億年の歴史があると考えます。姫君が虫を見つめたように実際に対象と接する時間が大事ですが、古木のように対象の中に存在する時間も意味をもっているのです。

もう一つ、科学も、生きものについて考えたことを表現していかなければなりませんが、表現の基本は、詩《ポエム》であり、和歌は日本人の詩の原形ですから、和歌の基本が「愛づる」であるということは、表現としても考えてみたいことです。

五七五七七のリズムは、日常的な相聞の気持ちを、大和言葉で言うと自ずと出てくるものです。だから、和歌の心は「愛づる心」であるということは、日本人の自然に対する気持ちの表現の基本は、「愛づる心」であると言っていることになります。表現については次章の「語る」

で考えます。

機械論的に生きものを見るときの問題は、時間を捨象することです。切られてしまう時間の中には、すでに存在している生きものが生きた時間だけでなく、生まれ出づるということも含まれます。誰か設計者がいて製作するものではなく創出するものであるところが生きものの特徴であり、時間が紡ぎ出すものですから、生きものを知るには時間をかけて付き合うことが不可欠です。科学的理解といえども、これを無視することはできません。ですから生命誌なのです。

自己創出する生命としての生命を見ていこうと考え、それをゲノムという切り口が見事に見せてくれることに気づいて、その中に書き込まれた生きものたちの歴史（進化）と、一つひとつの生きものがゲノムを読み解いていく様子（発生）とから、生きものの「時」を見てきました。

それを図示すると、図6、7のようになります。

多様な形で生きられる

進化は Evolution、発生は Development、生態系は Ecosystem。従来の生物学では皆別々の学問と考えてきましたが、一つひとつの生きものが生まれて、それが皆お互いに関係しながら

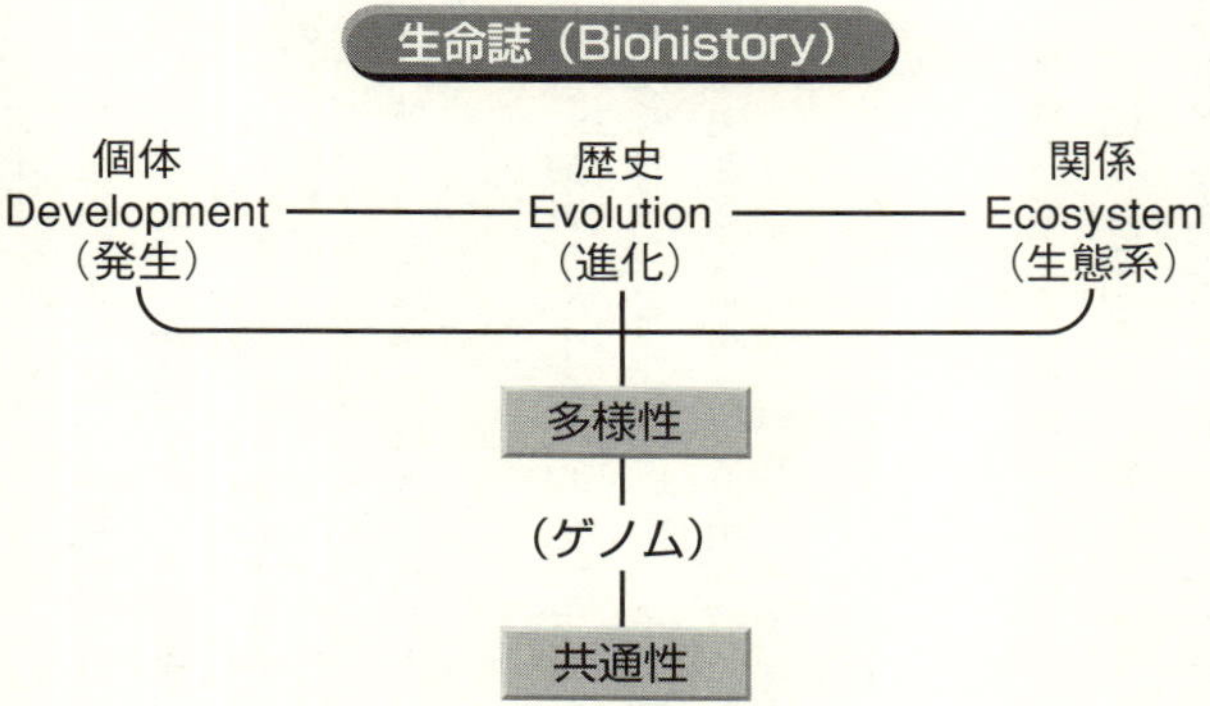

生命をゲノムを読み解き自己をつくり出す存在として見ると、時間の重要性が浮かび上がり、遺伝はその中に組み込まれてしまう。

図６　「時」がつなぐ多様な生きもの

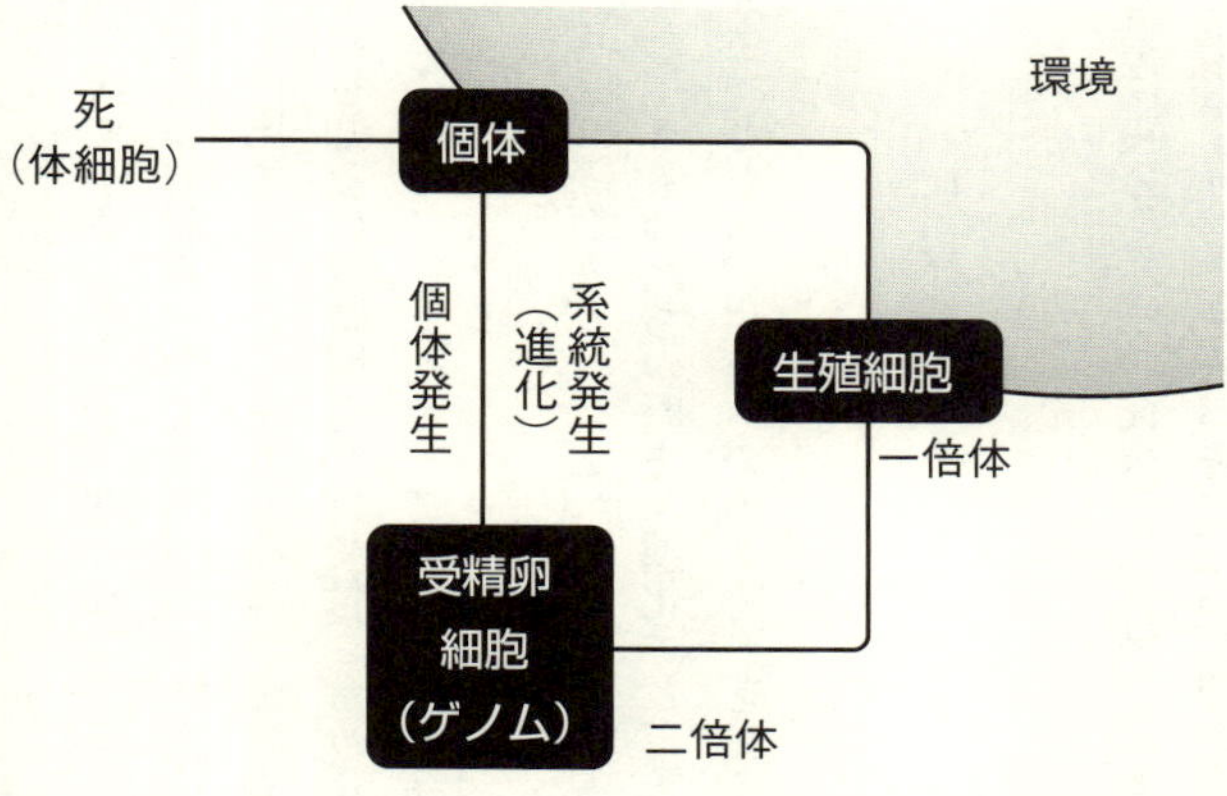

細胞、ゲノム、発生、環境がキーワードであり、遺伝は陰で支える現象になる。

図7　自己をつくり出す生命系

生き続けていく中で進化が起きますから、この三つは、時間でつながっています。

ここで気づいていただけたでしょうか。ゲノムを通して、生きものの本質を見ていこうとする学問をまとめてみると、遺伝という言葉が出てこないのです。もちろん、受精が起きなければ、一つひとつの個体は生まれませんし、そこで親から子に性質が伝わるわけですが、それはあまりにも当たり前すぎるからでしょうか、生きるという視点から見たときは、陰に隠れてしまいます。受精によってでき上がるゲノムは、これまでどこにもなかった、おそらくこれからも同じものは決してできないであろう唯一無二のものですから、ここで大切なのは、ここで生まれた新しい生命がどう生きていくかということです。そして、一つひとつが生きていく間にさまざまな変化が起きることも、生きものにしか見られない興味深いことです。

ですから、一つひとつの遺伝子が伝わっていくことが基本ではありますが、「生きていること」に関心をもつなら、遺伝子は直接の興味の対象にはなりません。実は「重ねる」の章で、遺伝が世間で考えられているような決まりきったものではないということを述べましたが、まさにそうなのです。

ＤＮＡの二重らせん構造を初めて知ったときに誰もが感心するのは、これが親から子に間違いなく同じものを伝えていく性質をもっているということです。しかし、私は最近、ＤＮＡが生きものの基本物質になったのは、同じものを伝えていくということよりも「変化をし、その変化をきちんと次に伝え、変化したものも生きるようにそれを支えていけること」ではないかと思うようになりました。

DNAに関しては、複製とかコピーという言葉が使われますが、現実にはDNAはまったく同じものを作るようにはできていません。コピー機で複写したときには書いてある文字を一字たりとも間違えずに写せるようになっているからこそコピーなのであり、たとえば一枚の中で一字必ず間違えることになっていたら、百枚も千枚もコピーしているうちに、わけのわからない文になってしまうでしょう。

ところが、DNAが次のDNAを作るときには、必ずどこかで間違えます。間違っても、生きていますよというメッセージが失われないかたちで間違えられるからこそ、三十八億年もの間続いてきたのです。それは、生きているという表現が多様なかたちを取り得るからです。もしこれがとても制限されていて、こうなったらもう生きられない、あれではだめだとなっていたら、こんなに長い間生きものが続くことはできなかったでしょう。生きもののすごいところは、長く長く続いてきたことであり、それはさまざまなものを皆生きものだ、それぞれ生きられるんだと認める原則を取ったからです。それを現実にしたのがDNA（ゲノム）です。

もちろん、遺伝子がうまくはたらかなくなって病気に苦しむこともあり、その原因を調べて治療法を探ることは一人ひとりの生を支える大切な技術です。そのような研究の必要性は充分に認めたうえで、一つひとつの遺伝子だけに注目し、それをときには病気の遺伝子のように見る見方は、生きものを見る眼とは違うということをあらためて強調しておきます。

現代社会では糖尿病で悩む患者は多いので、その原因を知り、治療法を開発することは必要ですが、糖尿病の遺伝子があるわけではありません。血糖値が高いという現象は、糖の代謝全体と関わり合うものですから、それに関わる遺伝子は多数あり、一つひとつの遺伝子は決して糖尿病のためにあるわけではなく、生きることを支えるためにあるのです。病気の遺伝子という言い方をしているうちに、体中に病気の遺伝子があり、それを全部調べ上げて一つひとつに対応しなければ健康に生きられないようなイメージが生まれてしまうのは、困ったことです。ここには、正常と異常という問題があります。まず、ゲノム解析をしたことで、本来機能しなかったり、環境によってうまくはたらかなかったりする遺伝子が存在することがわかってきました。ゲノム全体が〝正常〟と呼べる状態などないということです。ですから、特定の遺伝子についてだけ異常と決めつける方向へ進むのは賢明な対応ではありません。DNAは多様なかたちで生きられるようにできており、それは生きものとしては三十八億年、人類としては五百万年、現代人としては二十万年という長い時間の中で確立してきたシステムです。このうまくできたシステムを上手に活かして暮らしていくという考え方が、生命を基本にする生き方であり、それは生きものの中にある時間を大切にし、生きることを「愛づる」気持ちをもちながら生きることです。生命のこの長い時間を無視して、これまでの歴史の中では考えられなかったほどの糖分を体の中に入れ、そのうえで遺伝子を病気の遺伝子にしてしまうのは、多様な生き方をよしとする生命のありようを活かしていません。

時間をかける

ときを刻むという点では、もちろん一人ひとりの人間（生きもの全体で言うなら、一つひとつの個体）の一生という時間も大切です。これもまた、DNAに注目すると、まずは、私のゲノムとしては変わらないというところに眼が向きます。確かにこれは大切なことです。一生の間、私は私、つまりアイデンティティが保たれることの基本には、両親から受け継いだDNAがはたらき続けるということがあります。

しかし、ここでもゲノムは常に少しずつ変わっています。しかも一生私が私であるということは変わらない程度に。進化の中でも、あれもよろしい、これもだいじょうぶと多様な姿を許してくれたからこそ、こうして生きものは続いてきたのですが、それは一生の中でも同じです。DNAは変わりながら、しかし、きちんと私という存在として続いていけるようになっている、そういうはたらき方をするものなのです。

私自身、以前はDNAが変わらないというところに重きを置き、それがDNAの見事な性質だと考えてきました。けれども、今は変わりながら続くという方が、生きることの本質だと思うようになっています。

たとえば、年を取るということ。とくに五十代、六十代になると、年を重ねることによる変化が実感されます。体力も衰え、忘れっぽくなるという毎日。これをマイナスと数え上げれば、ある程度以上の年齢で生きていくということはマイナスを稼ぐ過程です。

しかし、それを数え上げて、その一つひとつを改善しようとするより、全体としての自分のありようを見つめ、それを「愛づる」気持ちで一日一日を大切に暮らす方が、生きる実感をもてるでしょう。

面白いことを言ってくれた方がいます。「忘れないと創造的なことはできないんですよ」。何でも記憶しているとそれに縛られて、その中で生きることに精一杯で忘れてしまう……といっても、おそらくどこかにその断片は残っていて、それがうまく組み合わさって新しいことが生まれてくるというのです。これこそ科学的根拠があっての話ではなく、科学でないものは正しくないという風潮の中で、大声で言えることではありませんが、お互い忘れっぽいことを自覚している者同士が話し合いながら、自分なりに創造的なことができそうだと思っているのは悪くないと、半分自分を慰めながら思うことです。

「愛づる」とは時間を見つめること。時間を見つめるとは、生きものの変化を大切にすること。

平安の京の都の姫君に教えられて、生命誌は生きものの変化を丁寧に見つめていこうと思います。

「わかる」ということを求める科学の裏に「愛づる」が必要であるという実感を抱くことになり、科学の世界でも、理性の表現である「わかる」と情感の表現である「愛づる」が、私たちの中でつながっていることを考えてみる必要があると考えるようになりました。

「理」と「情」は、私たちの日常の中でつながっていることは感じています。大好きなことなら熱心に考えられますし、気分のよいときは、仕事もはかどる。けれども、いざ科学となると、このつながりを考えるのがとても難しくなります。おそらく、ここで脳のはたらきを考える必要があるのでしょうが、脳のはたらきなるものが科学でまだよくわかっていないので、それこそ科学的に説明するのが難しいからです。

そんな中で、日常的には当たり前のことなのに、科学で解明しようと思うととても難しいテーマになる質感（クオリア）に取り組んでいる脳研究者の茂木健一郎さんの考え方の中に、ここでの問いの入口があるように思います。

チョコレートを舌にのせたときの苦みが少し混ざった甘さと、黒砂糖の甘さとは、糖度で測定できない違いがあるのは、誰でもわかります。数字で表現しにくい、日常的には「感じ」という言葉で表現している内容を、脳のはたらきとして見ていこうというわけです。これはすでに述べた学問での「わかる」と日常の「わかる」という問題をつなげる興味深いテーマです。

茂木さんは、アーティストの役割は、美しいものを生み出して、良質のクオリアを人びとの脳の中に与えることではないかと言っています。良質のクオリアを入れている脳によって、通常はかかっている抑制が外れたときに、創造的なことが生まれたり、よい行動が取れるというわけで、良質なクオリアが入ることと、リラックスして抑制を外すこととの組み合わせの大切さを述べています。

茂木さん自身、長谷川等伯の「松林図」の前に二時間いたら、頭がぽかぽかしてきたという体験をし、これが絵との付き合いだと語っています。

絵を情報として見たときには、十分で見た気持ちになるだろうけれど、二時間かけて見たときに、初めて何かが生まれる。それはおそらく脳のプロセスとしてそれだけの時間をかけないと立ち上がらないものなのだろうということです。

時間をかける。まさに「愛づる」と通じるところであり、自分で納得のいくわかり方、そしておそらく創造へとつながるであろうわかり方は、科学とか日常とかと分けるのではないところにあるということを示唆しているように思います。

美しいもの。芸術作品はもちろんそれを提供してくれるものですが、私たちは自然の中にたくさんの美を見出すことができます。しかも、その場合、一見して美しいというだけでなく、

「よく見れば美しさが見えてくる」という美しさもたくさんあるわけです。

生命誌研究館では小さな動物を扱っています。クモやイモリは、その姿を見て気持ちが悪いと言う方も少なくない動物です。けれども、これらの卵は透明でとてもきれいで、そこから発生して形ができ上がっていく過程を顕微鏡の下で見ると美しいのです。それを見つめて研究している人たちにとって、クモやイモリが「愛づる」の対象になるのは自然の成り行きです。

私たちの脳のはたらきとも関連して、芸術などで美しいものを存在させること、時間をかけて自然から人工から美しいものを探し出すことが、暮らしやすく生きる社会を作ることにつながると考えています。

第六章　語る——生きものは究めるものではない

表現すること

生きているとはどういうことかという素朴な問いを考え続けることが、そのまま生きるということなのではないか。そう思ったとき、生きものの研究を従来の科学にこだわり、科学技術文明の中で進めていたのでは、生きものに寄り添って生きることにならないことに気づきました。生きもの研究は面白い。しかし、研究をとり巻く何かが変わらなければいけないというところがスタートでした。

そこから、学問と日常の重ね合わせや、複雑さを複雑さのままに受け止めるというところを通って、大和言葉「愛づる」に到達しました。

そこで次に、このようにして、生きものについて考えたこと、そこからわかってきたことを表現する作業が必要です。生命誌研究館の研究館(リサーチホール)は、表現の場であり、表現することまで含まないと考える作業は終わらないという気持ちで作ったものです。ここで十年ほど表現するという試みを続けてきて、二つのことに気づきました。当たり前のことなのですが。

一つは、表現することが新しい発見を生むということです。日常生活でも、自分がよくわかっていることでなければ、人にはうまく伝えられないという経験はよくあります。伝えなければばならない状況に追い込まれるとわかる努力をするということにもなり、表現することが理解を深めるわけです。ときには、表現しようとすると、実はわかったつもりでいたことがよくわかっていなかったのだということが明らかになるという体験もします。研究館で、ＤＮＡのはたらきを表現したいという提案がありました。ＤＮＡはまさにナノスケールの世界にあるものですから動いている状態を眼にすることはできません。最も基本的なＤＮＡの複製について、教科書には図8のように二重らせんがほどけて、それぞれの鎖の相手ができると、もとと同じ二重鎖が二本できると書いてあります。最近ではこの図を眼にした方は多いでしょうし、ここに概念としての複製の基本は書き込まれています。

最初この図を見たときに、なんとうまくできているのだろうと感心したことを覚えています。それから半世紀近く、その間、複製についての研究が進み（今でも行われています）、たとえば実際に二重らせんがほどけるときは、ヘリカーゼという酵素がはたらいていることがわかりました。二重に組み合わさったヒモをほどいて見てください。それぞれのヒモを両側に引っ張っただけではほどけません。組んだヒモがクルクル回らなければ。ＤＮＡの場合もそのようになっています。鎖をほどく役目をするのがヘリカーゼです。その他、細かい部分を書いていったら一冊の教科書ができるほど見事なしくみがあって、初めて二本鎖がほどけ、新しい鎖ができるという事象がスムーズに行われているのです。私たちの体のあちこちで、細胞が増殖して

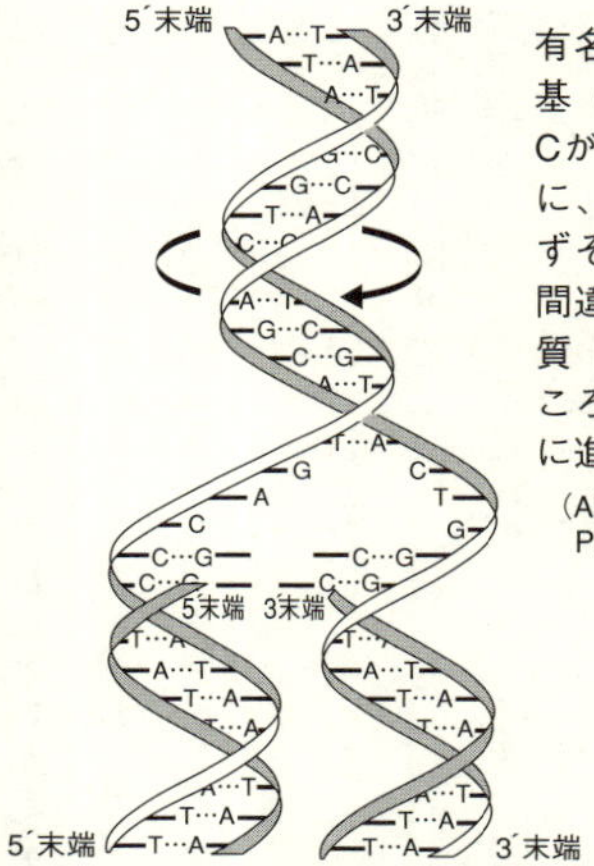

有名なDNAの二重らせん構造。4種の塩基（A、T、G、C）のうち、AとT、GとCが必ず対をなすという規則があるために、図のように一つの二重らせんから必ずそれと同じ二重らせんが二本できる。間違いなく性質を伝えることの見事な性質（実は少し間違っても大丈夫というところが最も見事な性質であり、そのために進化ができる）。

（Alberts他、*Molecular Biology of the Cell*、Garland Pub、2002より作成）

図8-1　二重らせんがほどけて新しい二重らせんができる

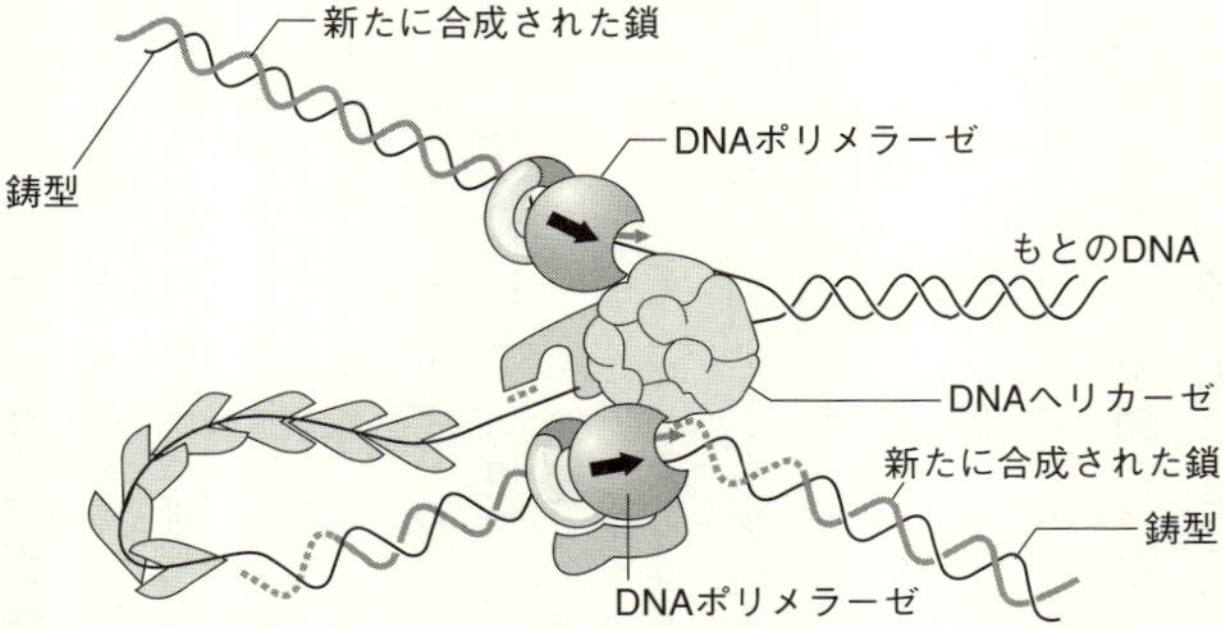

実際に新しい鎖を作るには、さまざまなタンパク質がはたらく必要がある。上図でわかるように二本の鎖は反対を向いており、DNAポリメラーゼは5´末端から3´末端への一方向にしか動けないので逆向きの鎖は輪を作っている。詳細は抜きにしても、巧みなしくみの存在を知っていただきたい。

（Alberts他、*Molecular Biology of the Cell*、Garland Pub、2002より作成）

図8-2　複製に関わるタンパク質の巧みなはたらき

おり、そのときに必ずＤＮＡも増えているのですから、今でも体のどこかでヘリカーゼがはたらき、ＤＮＡがクルクルとほどけ、新しい鎖ができているはずです。それを実感するにはどうしたらよいか。研究論文の中の図を見ると、ＤＮＡポリメラーゼというＤＮＡの鎖そのものを作る酵素に始まり、複製に関わるたくさんのタンパク質が描いてあります。でもこれだけでは実感にはほど遠いので、コンピュータ・グラフィックスで実際の動きを見てみようと館のメンバー（工藤光子）から提案がありました。考えるときに、論理的に詰めていくタイプと、パッとイメージを思い浮かべるタイプがありますが、彼女はイメージ型なので得意の能力を活かして、眼に見えない世界を動くものにしていきました。そのコンピュータ・グラフィックスを作る過程で興味深いことがわかったのです。論文の中の図は決して正確でないこと（作成者が最も関心をもっている部分が実際より大きく描かれていることが多いようです）、複製の基本はすべてわかっているかのように思われているけれど、実際に動かそうとすると、実はわかっていないことがまだまだあることです。そして不足しているところについては、動くためにはこうでなければならないということが見えてきたのです。表現は、ただ伝えるだけでなく考えることとつながっていることを実感しました。芸術や文学の場合、まさに表現が創造であるわけですが、科学ではそうは考えられてきませんでした。第五章で触れた茂木健一郎さんは、クオリアの問題を扱えないために、科学は芸術や文学を扱えず、両者の世界観がまったく違ってしまっている、つまりスノウの言う二つの文化ができてしまっていると述べています。クオリアを科学が扱えるようにすることによってこの溝を埋めようという挑戦はとても興味深く、神経細胞のはたらきを追うことが脳科学であり、そこからすべてわかると言われるより、はるかに私の日常感覚と近いものがあります。その点で生命誌の立場と同じものを感じるのですが、表現という問題を共有することによって科学と芸術の重ね合わせが可能になり、科学的理解を通さずとも溝を埋められる場合もあると思っています。

表現をしているうちにわかってきたことの第二は、科学がこれまでに表現としてきたことの再考の必要性です。科学には科学者という仲間があり、その中でのコミュニケーションは学会発表や論文というかたちで行われます。それには一定の約束事があり、仲間の中では必要かつ充分なやりとりができるシステムになっています。そのためにあまり表現について考える必要がありませんでした。けれども最近、科学技術への予算が大きくなったこともあって、社会へのアカウンタビリティ（accountability）、つまり説明責任が不可欠という考え方が強くなり専門外の人にもわかる表現が必要になってきました。実は、アカウンタビリティという考え方が気になっています。もちろん、日本語に説明責任とあるように責任という意味ですが、もともと account は勘定すること。どこか数量的な評価を思い浮かべます。社会への説明がしばしば、ノーベル賞受賞者を次の五十年の間に三十人出しましょうとか、五年の間に病気の遺伝子を三十解明しましょうという話になり、これが専門外の人にはわかりやすい説明ですということになっているのです。しかし、問題はそういうことではないでしょう。伝えなければならないのは、一人ひとりの研究者が、「私が思い描く未来はこうです、そのためには今こういうことが大事だと思いますので、その研究をします」という説明であり、それに対して責任をもつ必要があるのです。私の場合は、とにかく生命を基本に置きたいので生命誌です。その気持ちを思いを込めて伝えたいと思います。ただ、新しいことを始めようとすると、決して多くの人にわかってもらえるものにはならないことも確かです。二十年以上前に、ＤＮＡを遺伝子ではなくゲノムで考えたいと言ったときには、研究者の中でもそんな意味ないと言われたのですから、専門外の方にゲノムの大切さを理解してもらうことは不可能だったでしょう。ここで、社会による理解という枠にはめてしまうと、決まりきったことしかできなくなります。ジャコブが嘆いていたのと同じことが起きそうです。社会が理解したことがよいことだというのは、必ずしも学問にはあてはまらないでしょう。自分の行為に責任をもつことは大事ですけれど。

一つひとつの研究の説明以上に大切なのは、生命の研究がどのような社会づくりに向かっているかということでしょう。ただ、研究も社会の中にあるわけですから、外側の社会がもし生命を大切にするという考え方とまったく違うところにいれば、生きていることを考える研究を進めるのは難しくなります。「変わる」の章で述べたのはこのことでした。社会がよしと言えばよしという判断が、研究や技術を必ず好ましい方向へ進めるとは限りません。好ましい、好ましくないは難しい判断ですが、今とても気になるのは、時間のことです。たとえば二〇〇四年六月に総合科学技術会議生命倫理専門調査会で、研究目的のために「ヒトクローン胚」作成承認の方針が決定されました。

ある人の体細胞の核を除核未受精卵に入れて得られるクローン胚から、胚性幹細胞（ES細胞）と呼ばれる体のあらゆる細胞になりうる細胞を作り、そこから作った各種器官や臓器の細胞を移植に用いれば拒絶反応のない移植ができますから、ヒトクローン胚を作って移植医療や再生医療へ向けての研究を進めようということです。このような医療が本当に望ましいものかどうかの判断は、さまざまな要因があってすぐに答の出るものではないので、それは一応脇におくにしても、今はまだこのような方法を用いた再生医療の可能性が明確にされていない段階にあるということははっきりしておかなければなりません。もう少し専門的な立場から技術の可能性についての議論が必要です。ところが、それなしにすぐに社会にさらされると、そこでは実際に病気で悩む人の期待が語られます。そして、それに応えることこそ医療ではないかとなり、本当に期待に応えられるのかどうか、まだ確実な見通しは立っていないのだということは明らかにされません。研究は始めてみなければわからない面が確かにありますが、少なくとも専門家の中では、ある程度の見通しを立てるべきでしょう。今何を行うことが大切で、何をやればどこまでわかるのかという手順を考えた作業を、専門家の共通認識とすることです。そのうえで、今研究を始めるべきか否かは、それぞれの考え方があって当然ですが、共通認識なしに社会という場にさらされると、科学として最も納得のいく選択にはならない危険があります。そしてあたかもすぐにでも新しい医療が生まれ、新しい産業が生まれるかのような錯覚の中でことが進むことになります。確実な時間の流れを検討するための話し合いという過程が抜け落ちています。予測不可能性はここにもあり、すべてわかってからなどと言っていたら研究は行えません。進めるか進めないかという極端な論に走ることなく着実に進める過程が必要だと思うのです。

話は横道にそれました。ここで考えたかったのは、研究者の表現が仲間内だけでなく、より広く、多くの人に向かってなされなければならなくなったということです。それが今社会で求められており、そのこと自体は必要で大切なことと思うのですが、決してうまくいっていません。それは、「研究をすべての人に向かって表現する」とはそもそもどういうことかという基本を考えることなしにアカウンタビリティという言葉だけがひとり歩きしているので、ヒトクローン胚のように、納得のいく手順を経ずに話が進んでしまうからです。

科学や科学技術は機械論的世界観をもっておりそこには限界があると繰り返してきました。その一つが数にこだわること、逆に言うと数で扱えないものは扱わないできたということです。

研究の説明と、それへの責任まで、数を数えるという言葉と同じになっているのです。

責任と言うなら responsibility。response は、反応するということです。学問や社会のありように的確に反応した研究をすることであり、この方が重要です。生きものの特徴は、常に外に反応して適切な行動を取ることですから、こちらの方が合っています。accountable より responsible の方が責任として本質的ですし。

第一の科学革命で生まれた機械論的自然観は、自然界は数学的構造をもっており、それを支配する法則は数量的に定式化できると捉えます。分子生物学を中心とする現代生物学は、物理学を母として生まれていますから、なんとなくこの考え方の中で進めてきました。けれども、生きものを通して見た自然は数量的定式化はとても難しそうです。手元にある『細胞の分子生物学』という千五百ページ近い教科書を眺めても、どこにも数式は見当たりません。あるのは言葉と図です。生きものに関する限り、表現は言葉と図でなされていると言った方があたっています。

アインシュタインは、できるだけ単純な式で表現されたときそれは美しい、つまり、宇宙はそのような美しさをもつものであると考えていたようですが、今たくさんの遺伝子が解明され、そのはたらきで動いているさまざまな生きものたちを眼の前にすると、これを単純な式で表現してしまったら、それぞれの生きものの存在が消えてしまいそうで、このまますべてを書いておこうという気持ちになります。

そこでまず、人間も含めての生きものを知り、それを誰もがわかるように表現することを考えると、科学を踏まえながら、しかし科学の枠にはまり込まないある自由を手にしなければならないと思うのです。

語る科学

そこで、科学研究で得られたこと、たとえばゲノム解析で得たデータを素材にして物語りを書いていくことで、生きものを知ることができるのではないかと考えてみました。「語る科学」という考え方です。科学は、物理学を基盤にして「究める」ことを求めてきましたが、生命誌は「語る」を求めるものなのです。次頁の表4を見てください。物理学を出発点として進められてきた生命科学は、生命体を、遺伝子を基本単位とする分子機械として解明していく学問です。手法としては分析、分子が構成するシステムは数理的に解明されることを期待しています。もし生命体がそのようなものであるとすれば、無矛盾性を前提にしなければなりません。こうして「究めていくこと」が科学の仕事です。究め尽くしたい。これが科学者の願いです。一方生命誌は、時間を内にもつ生命体を時間の流れの中で、生命体同士の関係に注目しながら見ていきます。DNAも、解きたいのはゲノムです。ゲノムはある文法をもってはたらいている総

生命科学	生命誌
遺伝子	ゲノム（生命子）
分析 還元 数理 （無矛盾性）	分節 統合 論理 （矛盾許容）
構造・機能	関係・変化（進化）
機械	生命体（時間）
究める	語る

表4－1　究めると語る

生命誌	
ゲノム（生命子）	言語
分節 統合 論理 （矛盾許容）	
関係・変化（進化）	
時間	
生命体	人間
語る	

ゲノムのもつ性質は、言語のそれと重なる。ここからも生命は語るものであると考えられる。

表4－2　生命誌は語る

体ですから、その中でさまざまな要素がどのように関係し合っているかを見ていくことになります。文節を調べ、それを統合していく。そこにあるのは論理であり、おそらく矛盾を許容しているのではないでしょうか。実はこれは言語の特徴なのです。生命体については「究める」でなく「語る」であるという見方は間違っていないと思います。

これは眼の前にあるものを片っ端から記述していくということではありません。生命誌であれば、ゲノムという切り口をもつので、眼の前にいる生きものたちは皆ゲノムをもつという共通性は見えています。これは、一度モデル化するということであり、科学の常道です。物理学で数式にする場合、そのモデルが一つになるのですが、おそらく生きものの場合はそうはならず、さまざまなモデルが生まれるのでしょう。ゲノムの中のある遺伝子に注目すると一つのモデルができ上がります。よく知られている例が、体の形づくりに関わる遺伝子（Ｈｏｘ遺伝子と呼ぶ）です。図9にあるようにさまざまな動物はそれぞれ特有の形をしていますが、前後軸があり、頭部、腹部、尾部と並んでいます。この順番に形を作っていくときにはたらくのがＨｏｘ遺伝子で、頭、腹、尾それぞれではたらく遺伝子は、すべての動物で共通しているので、それを比較すると生きものたちの共通の構造が見えてきます。しかし、これだけで生きものが成り立っているわけではありません。形づくりをするときは体の中を細胞があちこち移動し、接着したり離れたりを繰り返していきます。ここにももちろん遺伝子が関係しているのでこの

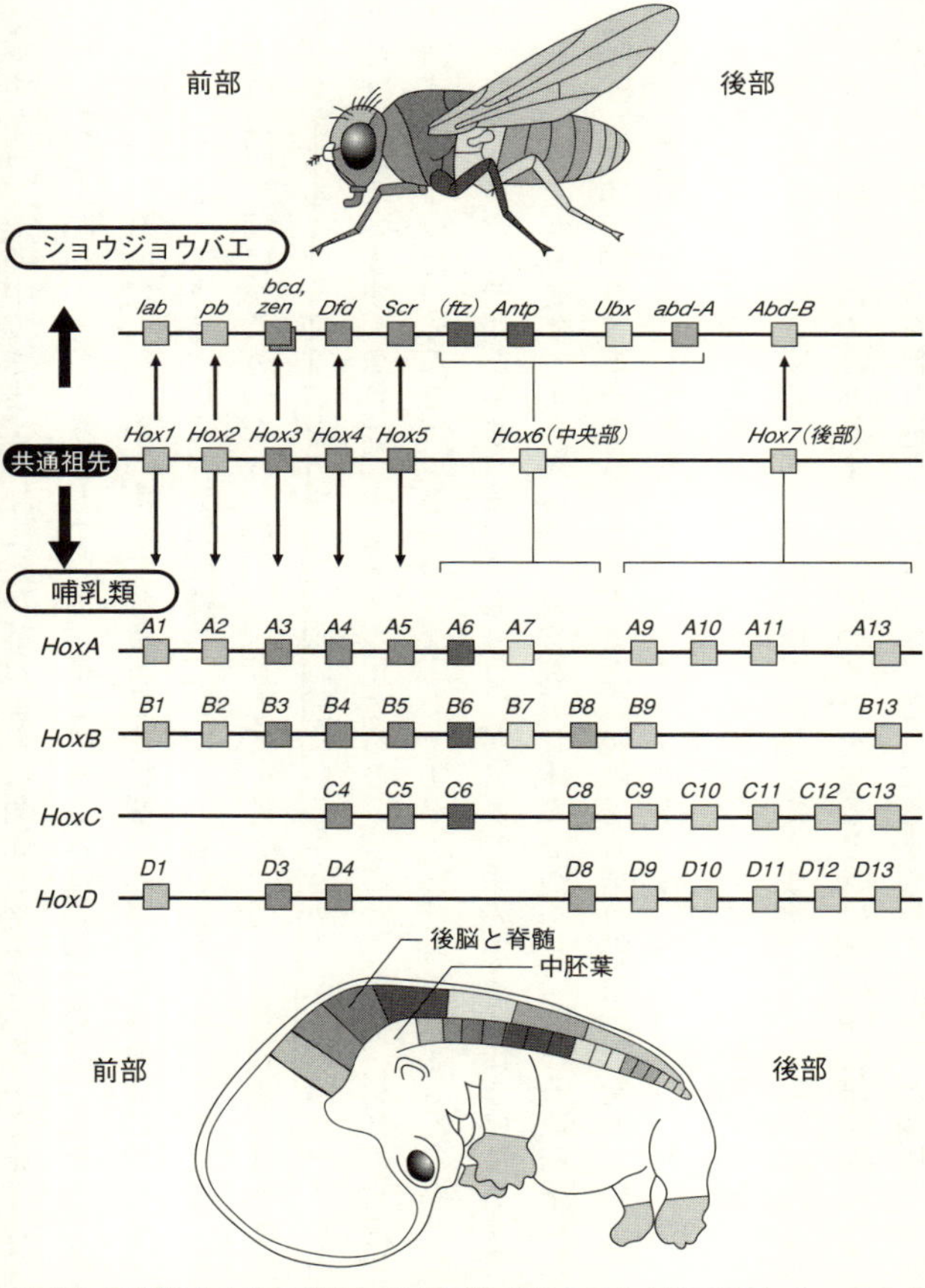

生きものの形づくりの基本には共通性があることが読み取れる。そのうえで多様な形を作るところに生きものらしさが見られる。

(Alberts他、*Molecular Biology of the Cell*、Garland Pub、2002より作成)

図9　Hox複合遺伝子

切り口からも見ることができます。しかもＨｏｘ遺伝子のはたらきと細胞の移動とは無関係ではありませんから、お互いの関係もまた別の切り口になります。こうしてたくさんのモデルが相互に関係しながらでき上がる生きものを表現するには、言葉と絵や図を組み合わせた物語りとして語る他ないのだろうと思うのです。

このようにして生きものを見ていくと、本当に上手に組み合わせて使っていることに感心します。ブリコラージュ。あり合わせのものをやりくりして器用にものを作っていくことですが、これまで何度も登場してもらったジャコブは、生きものはまさにブリコラージュだと言っています。ときには「自然は鋳掛屋さんだ」とも。論理や法則で構造を作っていくのではなく、あり合わせでうまくやる。これは、レヴィ＝ストロースが神話的思考の特質としてあげていることであり、生命は語るものであるというのはここからも考えてみたいことです。ブリコラージュの巧みさは、『生命のストラテジー』でたくさん例をあげていますので是非参照してください。そこではポップアートと言っています。生きものの生きものらしさはここにありという感じです。

生命誌の場合、このようにして物語りを書いていくのですが、この物語りは、研究者がゲノムの研究から知り得たデータをもとに書いていくものであると同時に、生きもの自身が自分のゲノムを読み解いて語っていくものでもあります。形づくりを見ると一つひとつの生きものが

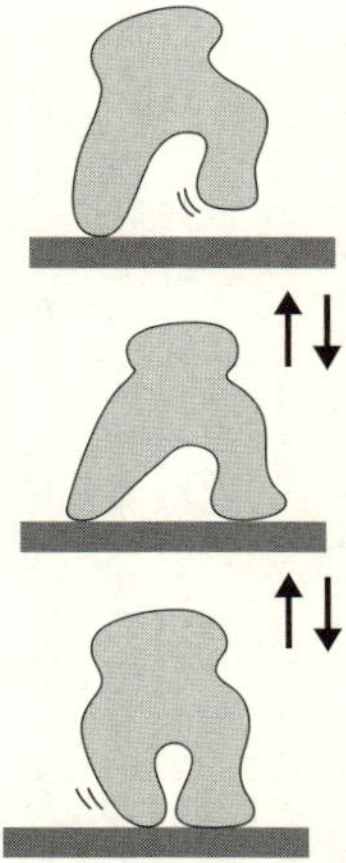

図10 歩くタンパク質

タンパク質が3つの形を取ることによって、自らが移動したり、イオンを動かしたりする。このときの形の変化がいかにも歩いているように見えるので、科学的に正確に、しかしやや遊びを入れて描いている。

（Alberts他、*Molecular Biology of the Cell*、Garland Pub、2002より作成）

自分たちの生き方と見事に適合した形——これは逆でその形に合った生き方をしているのかもしれませんが——を作っていきます。このような事柄を言葉で綴っていくと興味深いことが起きます。前述の『細胞の分子生物学』の中のタンパク質のはたらきを説明している図10を見てください。私の大好きな図ですが、なんとも可愛いでしょう。筋肉の動きに関わるタンパク質は三つの立体構造を取り、そのそれぞれによって動くことができます。それを「歩く」と称し、しかもこんな図で描いているのです。これは科学的に見ても正しいものですが、この可愛らしさには思わず笑ってしまいます。この図を忘れることはありませんので、教科書としても成功でしょう。この図に相当する部分の本文には「モータータンパクは、ＡＴＰの加水分解の繰返しで得たエネルギーを利用してタンパク繊維に沿って迅速に動く」とあり、せっせと歩いている様子を語っています。

志向的構え

このような見方を、科学に眼を向けながら言語を扱っている米国の哲学者デネットの「志向的構え」という考えを借りて整理してみます。デネットの唯物論的思考には同意しかねるところが少なくないのですが、科学研究の表現を考えるにあたっての三つの態度は、ここで考えたいことですので。ここでの志向的という言葉の意味は、「(人間、動物、人工物を問わず)ある対象の行動について、その実体を、『信念』や『欲求』を『考慮』して、主体的に『活動』を『選択』する合理的な活動体と見なして解釈するという方策」です。やりたいことがあってやっているということで、擬人的な見方とも言えます。本来、科学はこれを避けてきましたし、数式で書いている限りこのようなことは起きませんが、言葉や図で語ると、先ほど示したように世界的に高く評価されている教科書でもこのような例がいくつもありますし、その方が読者もそれぞれの物質の機能をまさに生き生きと受け止めることができます。

志向的に対しては、物理的構えと設計的構えという見方があります。これは哲学の言葉ですが、ここでは生命誌で生きものを見るときの見方として借用します。

生きものも物質でできており、その動きは物理法則に従っています。その部分を扱う機械論的な見方が生命科学の「物理的構え」です。ゲノムのはたらきももちろん物理法則に従っていますし、本来科学はこの構えで見ていくものですから、これもデネットの言葉を借りるなら「危険度」は低いのです。たとえば、時計が落ちたとき、それが大事にしている時計であれば壊れなかっただろうかと心配するわけですが、物理学ではどのような加速度でどれだけ落ちたかということが問題です。時計であろうが、リンゴであろうが物体が落ちれば落ち方は同じです。誰が見ても同じ数字になりますから、誰が表現しても同じになります。この、危なさがないところが科学の利点です。

次いで、「設計的構え」です。時計は時計として設計されています。一つひとつの部品の物理的動きはともかく時計として時間を計れるように、ときには目覚ましになるように設計されています。その設計に従い、目覚ましをセットしたいときには、押すべきボタンを押せば、望みの時間に音を出します。設計通りに時計が動くと信じてボタンを押せば、明日の朝もベルがなります。生きものについても、イヌはイヌ、ネコはネコとして対応していくことができます。

現代工業社会は、科学や工学は物理的構え、日常生活は設計的構えで動いています。ただ、朝の六時に鳴るようにセットした目覚まし時計は、もしかしたらその時刻に鳴らないかもしれません。ジェンボジェット機は飛ぶように設計されており、皆それを信じていなければ社会生活はできませんが、事故があるかもしれないという危険性があります。物理法則は決して変わりませんが、設計的構えの場合、必ず期待通りになるとは限らない危険性があります。

そして、もう一つが「志向的構え」です。時計でいえば、時計が私を起こしてくれると見るわけです。毎日目覚まし時計で起きていると、目覚まし時計とのよい関係ができて、思い入れが生まれるでしょう。ちょっと擬人的ですから「志向的」な見方は危険度が高いのです。危険度が高まるけれど非常に身近になっていきます。「物理的」より「設計的」の方が身近ですし、「設計的」より「志向的」の方が身近なわけで、見方、表現のしかたとしては危ういのです。

物理の数式での説明は、どこでも誰にでも言えますが、「目覚まし時計が起こしてくれる」と言うのは相手によります。科学に慣れた頭は後者で考えるのを躊躇します。

「愛づる」が和歌の中で語られてきた中には、アニミズムがあったのではないかという話を紹介しました。アニミズムと聞くと現代人はちょっと構えます。自分の庭に咲く花には思い入れがあり話しかけもするわけで、日常生活の中ではアニミズムでも、学問の場でアニミズムをもち出すのは、止めておこうというのが正直なところです。しかし、おそらく生命は志向的構えで考えていかなければ、本当の意味での理解にはならないでしょう。

生きものはもちろん物質でできており物理法則に従っていますし、見事なシステムですから、物理的、設計的に理解するのが常ですが、その表現には、志向的構えで語るという方法が取れます。その方が、生きているということをそのまま、つまり生き生きと伝えることになるのではないかと思います。

絵画史の佐々木丞平先生が、「中国の古代の人が『人間が表現するということには三つの種類がある』と言っています。一つは天地万物宇宙の根源を理解させる数式のようなもの。もう一つは人間の深い意味の世界を形として表出した書、つまり言語。もう一つは、数式でも言葉でも表現できないものを表す絵画である」と、『歴代名画記』にある顔光禄の言葉を見事に解説してくださいました。今考えたいと思っていたことが古代の中国ですでに考えられていたと知り、人間の知恵の大きさを感じました。

言語との関わり

「語る」には、そこで用いる「言語」の検討が不可欠です。数式や図も含めてシンボルとしての表現能力をもつ存在が人間であるとも言えます。脳研究では、人間の知性にとって重要なのは、他人の心を読み取る能力であり、それを支えるのは今ここにないものを思い浮かべる能力であるという説が強くなっているようです。科学はまさにこの能力から生まれたものですが、その能力の表現には言語が必要です。

「語る」という表現を取ろうとすると、ここで、人間にとっての言語という本質的な問題を考えなければなりません。生命誌にとって重要な問題ですが、言語は、あまりにも大きな課題ですので、近い将来のテーマにしておきたいと思います。ただ、生命誌の特徴を活かしたときに見えてくる言語について述べ、これを言語を考える材料にしたいということだけ述べておきます。

生命誌の基本にしているゲノムについて、地球上に存在する生きものは、それぞれのゲノムをもっており、ヒトもその例外ではないことは何度も述べてきました。これは、物質の世界から生命の世界、さらには人間の世界は連続しているという考え方です。生きものの中に物質以外に生気というような特別なものはありませんし、人間の中から他の生きものと異なる、たとえばこれが魂ですと呼べるようなものを取り出すことはできません。しかし一方で、生きていることは、単なる物質の集まりではない何かであり、人間も人間としての特徴をもっているというのが日常感覚です。連続していることは間違いないが、物質から生命へのジャンプはあるという実感です。物質と生命の間のこのジャンプの謎を解く鍵はゲノムの中にある、というのが生命誌の見方ですが、ここで、思い切って生きものから人間へのジャンプには言語が関わっているのではないかと考えています（図5参照）。ゲノムと言語を並べてみた裏側には、ゲノムと言語の間に何か共通性があるのではないだろうかという気持ちがあります。これまで何度もゲノムを解読すると言ってきました。もちろん、ゲノムがA、T、G、Cという文字列で書かれているということ、その文字列の中にはタンパク質を作るときに用いられるコドンという暗号が入っていることが、解読という言語を使わせたのです。しかし、単にそのようなことだけでなく、ゲノムが生きものを作っていくときの約束事の中に言語のもつ約束事と類似のものがあるのではないかという直感があります。ゲノムと言語は、生命誌の大きなテーマです。当面ゲノムの解析から得られたたくさんのデータをどのように整理したら、実際の生命現象を説明できるようになるか、整理の努力をしています。今進行中ですのでどうなるかわかりませんが、整理ができたら、きっとそれをもとにして、たとえばカエルの受精卵のゲノムがこのようにはたらいて胚になり、そこからオタマジャクシの頭やしっぽができるという、小学生の頃の観察日記を、現代生物学の言葉で物語ることができるようになると思うのです。遺伝子一つひとつの機能を明らかにしてそれをテクノロジーにだけ活用していくのでは、生きものの研究にはなりません。ゲノムとして生きもの全体を作り上げ、また一生を支えていく物語りを書き上げたいものです。観察日記と違ってとても難しいことなので、いつになったら書き上げられる物語りであるかはわかりません。しかし部分ごとに少しずつ書けるようになってきています。

ＤＮＡのはたらきのコンピュータ・グラフィックスによる表現の場合にそうであったように、物語ろうとすると、必要なデータが足りないことが見えてくるに違いありません。それは、生きているということを知るために必要なデータは何かということを教えてくれます。

このような生命誌物語りづくりへの第一段階として、今、生物情報学や言語学の研究者と組んで「語りの科学としての生命研究」という勉強会を続けています。「データや事実を単に積みあげ羅列しただけでは、生命現象を理解することはできず、研究者がそれらのデータを時間的空間的な制約や文脈の中に位置づけ、種々の解釈を加えなければならない。たとえば、発生、免疫、進化、がん、記憶など、現在盛んに研究され、医療などへの応用も期待されている分野の研究を考えてみればすべてがそのようになっていることがわかる。つまり、生命科学研究では、実験データや観測事実が、研究者の解釈というフィルターを通して意味づけされ、その結果は常に〝言語〟(この中には数や図も含む)の形で表現されるのである。このように生命科学は、実験データが言語化されてはじめて完結するという特徴を備えており、それゆえに『語りの科学』と言うことができる。(中略)

このように本質的に言語を用いた〝語りの科学〟であることが、これまで指摘されずにきたのに、データの解釈やその結果の言語化が研究者それぞれの頭の中で行われてきたからである。ところが、大量のデータを日々産出するゲノム科学の登場により、事情が変わった。ゲノム研究によって産み出される多様かつ膨大なデータを解析し、それに生物学的、医学的解釈を与えることは、人間の頭だけではできなくなってしまったのである。

ここでわれわれは、大量の実験データの処理はもちろんのこと、それを解釈し言語化するという〝語り〟の部分もコンピュータの助けを借りなければならないことに気づいた」。

これは、勉強会のメンバーの基本的考え方をまとめた文章ですが、まさに生命誌と共通の意識です。第一章で、現在の生命科学の問題点をあげましたが、研究者の中には研究成果を医療につなげるにしても、まず生命現象の中でのそのデータの意味を考えてから行わなければ、よい結果にはならないと考える人たちが現れ始めたのです。「語る」は単に物語りを作るだけでなく、それに基づいて、よく生きることを支える技術を生み出す基本にもなります。

二重化を楽しむ

このようにして生命現象を「語る」という視点で見ていくと、生きものすべてに共通な物語りが生まれます。そして、そこから人間を考えたい、そのときには言語が何かの役割を果たしてくれるだろうと思っていますので、ここでは「言語」は二重の意味をもっています。そこで、生きものすべての中に存在して言語へとつながるものは何かという問いが出てきます。それについて、これまでにも度々紹介してきた茂木健一郎さんが、「同じ」と「違う」を区別する能力ではないかと教えてくれました。

あらゆる生きものは、生きていくために環境の中で、同じと違うを区別しなければなりません。研究館での研究もほとんどがそこに視点を置いています。たとえば、チョウの食草というテーマがあります。チョウの幼虫には特定の食草があり、図11でわかるようにチョウの進化と食草の進化が並行しているという面白い事実があります。進化の過程で、ギフチョウはカンアオイ、ナミアゲハはミカン類を選び、ナミアゲハはミカンの仲間であれば同じ、カンアオイは違うという区別をしています。母チョウはそれを区別して産卵しなければ、幼虫は食べものがなく死ぬ他ないのですから、重要な区別です。チョウは前脚で葉を叩き、傷をつけてそこから出てくる匂い物質を嗅ぎ分けて（この嗅ぎ分けをする細胞は雌チョウの前脚先端にあります）、卵を産むのです。図では、研究者がわざと卵を別の葉の上に置いた例を示しています。自然界では起きないことです。が、ここで面白い現象が見られます。進化過程で後に登場したナミアゲハはカンアオイを食べ、古い方のギフチョウは新しい食草であるミカンは食べられないのです。食草の変化は、ディジタルに変わるのではなく、昔の記憶を残していることを示しているのではないでしょうか。生きものが機械と違うところとして注目すべきことです。

このように同じと違うの区別の判断が積み重なっていることは確かで、これを生物学者は化学物質の受容体による区別としていますが、それは論理的判断とも言えるわけです。言語はこのような連続を踏まえた大きなジャンプとして登場したのだろうと思います。

「語る」は、従来の科学の方法よりも、生きていることを考える強力な手段だと思い、これを進めていこうとして調べてみますと、さまざまな学問で「語る」という方法が考えられ、考え

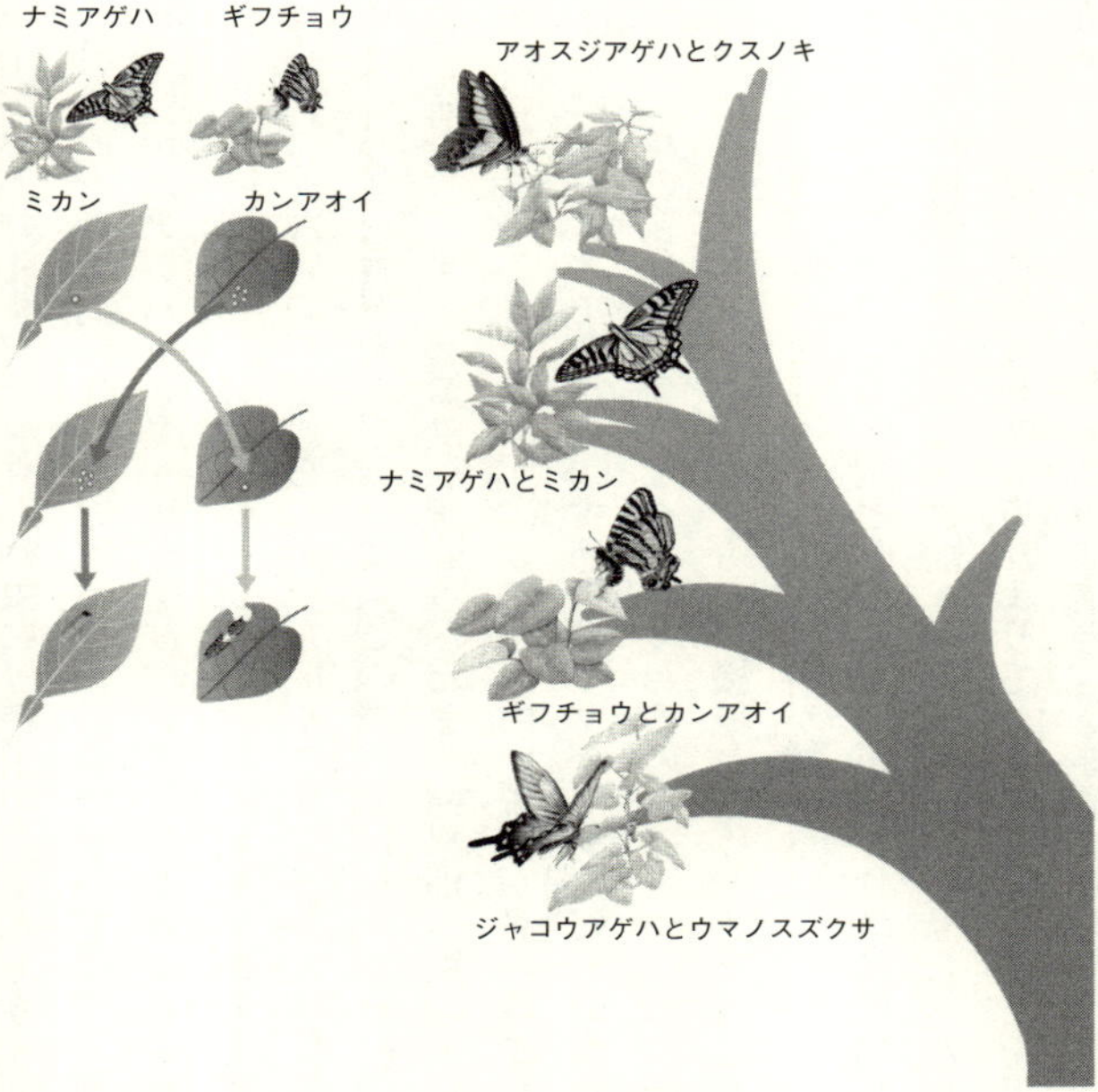

右は自然界で、アゲハチョウ科のチョウと食草とが関係し合いながら進化している様子。左は人工的に卵を別の葉にのせた実験。ギフチョウはミカンの葉を食べないが、ナミアゲハはカンアオイを食べる。進化しているものの方が許容度が高いように見える。

（JT生命誌研究館パネルより）

図11　チョウと食草の共進化

直されていることに気づきます。

たとえば『語り・物語・精神療法』では臨床の場での「語る」を扱っています。精神医学の分野では語ることが重要であるとは知っていましたが、医師と患者との間で物語りを紡ぎ出すことが治療であるというところまで考えられている例を見て、興味深く感じました。

また、哲学、歴史学、文学研究などでも語るということへの注目が見られます。科学哲学の野家《のえ》啓一さんは、「人間は『物語る動物』である」のに、「科学による真理の占有を背景にして、『近代的自我』と『市民社会』とが手を携えてありのままの真実を至上の価値として称揚したとき、物語はその衰亡を余儀なくされた」と言っています。しかし今になって、少なくとも生命科学では、データを解釈というフィルターを通して言語化しない限り、生命現象を知ることにはならないという意識をもつ研究者が現れているわけですし、おそらく科学とはそのようなものだろうと思います。科学が変わる方向は、学問や日常での物語りの復権とつながっているようです。野家さんは科学と文学と哲学という知的ジャンルの間には、「実」と「虚」という境があり、それぞれ自立的であるが、その境は固定的なものではなく、その間をときに応じて往来できると言い、その間にある両義的空間が物語りなのではないかと言っています。『物語』は文学にとってのみならず、科学にとっても不可欠の要素だと言わねばならない。だとすれば、その『物語』の生成と構造を分析することこそ哲学に課せられた役目であろう。科学と文学と哲学とは、『物語』という半透明の壁に隔てられていると同時に、『物語』という共通の大地に足を据えることによって、根源的に結びつけられてもいるのである」（『物語の哲学』）と。生命誌の考え方と共通であり、心強く思います。

哲学の坂部恵先生の、ずばり『かたり』という著書からは語ることについての考えの基本を学びました。中でもとても関心をもったのは折口信夫の小説を取り上げ、虚構と実録の「区別を、二者択一あるいは両立不可能と見なす当今の世の常識に抗して、両者の連続性、やや視点を変えていえば、両者の根底にある『かたる』ことという共通の基盤に確固として定位する一種『反時代的』な姿勢が一貫して顕著にみられる」という分析です。物語りが反時代的な面をもつというのは、興味深いことです。生命誌に引きつけて考えますと、今だけを問題にするのではなく、過去、現在、未来を一つのものとし、そこに根源的なものを見ることになります。

ゲノムは、生命の歴史と関係を語るものと捉えてきましたが、このように「語る」についてのさまざまな考え方を見てくると、ゲノムの面白さは、ときを凝縮し、過去・現在・未来を一つにしているところにあるのではないかと思うようになりました。それは、生命体がそのような存在であること、つまり私がそうであることを意味します。ときの流れではなくときの凝縮。時間について、物理科学による一方向に流れるものという見方に縛られてきましたが、「語る」という視点をとると、ときをもっと自由に捉えられることに気づきました。神話の世界はまさにそれです。新しい神話もそのようなときをもつことができるのではないでしょうか。

坂部先生は「語る」が「騙る」に通じる日本語の面白さを指摘しています。「騙る」というのは、誰かを騙ってお金をだまし取るというように、話の内容も当事者も二重化（お金などないのにあるように言ったり）しているだけでなく、話す主体も二重化（自分と誰か）しています。そもそも「語る」にはこの二重化を楽しむところがあるのではないかというわけです。二重化の楽しみは人生を楽しくします。科学も仲間入りをして皆で物質と生きものと人間について語り合ったらさぞ面白いことでしょう。もともとあれこれ仮説を立て、語りを楽しむのが科学でしたから、語る科学は最も科学的なのかもしれません。

だんだん騙りの方に近くなってきましたので話を閉じますが、『自己創出する生命』の中で二十一世紀以降また生命の時代がやってくるであろうと考え、そこで新しい神話が生まれると書きました。ここでの神話は決して古い時代のものがよみがえるということではなく、ここで述べてきた物語りという意味です。聖書は聖フランチェスコによってイタリア語で書かれましたけれど、物語りはすべて日常語で書かれるものですから、生命科学の成果も日常語で語られることになるはずです。

神話については、前にも引用した「カイエ・ソバージュ」シリーズで中沢新一さんが示している考え方が魅力的です。対称性から非対称へ。近代化とはこれであり、神話はすべて対称性の中で語られていたのです。現代を踏まえて、もう一度対称性を取り戻し、新しい世界を切り拓くという思考は、今生命誌が求めている思考と実際の方法論を示してくれています。

最後に一つ、劇作家の山崎正和さんが米国の奴隷解放の歴史の中でハリエット・ストウの『アンクル・トムの小屋』が果たした役割について述べていらっしゃることに、なるほどと思いました。「著者が書いたのは一つの『物語』であるが、物語の描きだす人物はいわゆる『典型』として二つの側面を備えている。一つは普遍的な範例としての機能であり、もう一つは具象的な個別としての存在感である。読者はその具体性に共感して身ぐるみ動かされると同時に、その普遍性を通じて問題意識へと導かれることになる。物語はこの二重の性格に立脚して、文明と文化を媒介する役割を担っているといえるだろう」。

今まさにこういう物語りが求められています。

近年、学問の融合、とくに文理の融合の重要性があらためて指摘されるようになりました。三十年ほど前に学際がうたわれたときと違って具体的活動を伴っています。コンピュータを活用した文学や芸術作品の解析や資料整理が可能になったので、文系の学問でも数量処理による〝科学化〟をしているのです。もちろん、データは重要ですが、数量化が学問の進歩ということではないでしょう。

ここにあげたように、文学も映画づくりも脳研究も分子生物学も哲学も美学も……自ずと一つの方向に向かっています。自然や生命や人間は、そのようにして重ね描きされるのでしょう。文理融合などということでなく、対象をあるがままに捉え、あるがままに語ることによって「知」を作っていくときが来ているのです。

あとがき

本文を書き終えて一段落。日曜日の午前中のテレビが、日本伝統工芸展を紹介しています。雪の朝を着物に表現したいと、複雑な織りに挑んだために、一本一本の糸の染めの違いに注意を向けなければならず、二年越しになったと言う女性。作品に感心してもらうと、よし次の挑戦をと張り切るんですよと語る若者。これこそ、時間をかけ、心をこめたものづくりであり、接していて快く、落ち着きます。

同じ日、銀行のキャッシュ・カードが偽造され、知らない間に預金が全額おろされてしまったという事件が報道されました。ゴルフ場のロッカーに小型カメラを仕掛け、そこで暗証番号を撮影して結果を電波で捉えるという、悪知恵の塊のような犯罪です。ここで対策のための技術が考えられると、またそれをすり抜ける技術を考え出す人が出て……終わることのない闘いになるのではないでしょうか。

グローバライゼーションと称して、米国の土俵での勝負に入っていく昨今の日本では、金融経済を勝ち抜くことが「目的」になっており、どのような社会を作るのかという話はまったくなされません。その中で、科学技術は競争に勝つための最も強力な手段と位置づけられています。しかも期待される科学技術の最先端に生命と情報が置かれているのです。どちらもすべての人が身近なものとして接する科学技術であり、その人の価値観がそのまま表われるものですから、原則としては「性善説」でなければ成立しません。人間は善も悪ももつ複雑なものです。情報や生命を科学技術を通して活用する社会を作るのなら、人間の善の部分が活かされやすい社会システムにしなければ、技術が、悪知恵を活かすものになる危険は高まります。そうなると日常の快適さは消えていきます。便利さを求めての技術開発が、同時に快さをもたらしてくれる……今まではそうでしたが、いつまでもそうはいかないのではないでしょうか。金融経済を勝ち抜く競争は、人間のよい部分が活かされやすいシステムではありません。むしろその逆でしょう。

情報や生命に関して、これまで蓄積してきた知を活かして暮らしやすい社会を作りたい。それには今の社会の価値観を変えなければならないという気持ちが、生命誌研究館を続ける一つの動機です。

甘いと言われるかもしれませんが、すべての子どもが飢えることなく、基礎教育を受け、清潔に暮らせる世界を思い描きます。そのためには、地球上の生きものすべてが仲間であることを明らかにした生命科学の見事な成果を活かし、「生きものとしての人間」を基本に置くしかないと思います。先行き不透明とか閉塞感などとよく言われますが、そうではありません。先は見えているし、やるべきこともわかっているのに、社会がまったくそちらを向いていない焦燥感というのがあたっています。

　社会がと言いましたが、地に足をつけた地域の活動では、生きものである人間という意識が強くなっているのを感じます。歯ぎしりすることはありません。生命をとり巻く事柄の多くは、楽しく、興味深く、意味があることですから、それに気づいた人たちが、一つひとつを楽しんでいけばよいのです。少しずつ「生命」を基本に置く考え方をする人が増えていくに違いありません。実は、本文でも度々引用した『細胞の分子生物学』という教科書の初版（一九八五年）のまえがきにはこうありました。「科学の進歩は不思議なものである。次から次へと情報が蓄積されると、それまで脈絡のないようにみえた事実につながりができたり、不可解な謎に合理的な説明がついたりし、混沌とした中から単純な姿が浮かび上がってくる」。ところが、二〇〇三年の第四版では、「もはや十八年前のように、複雑さの中から最後には単純さが現れるだろうなどと確信をもって言えなくなっている」と書いています。そしてこの複雑さへの挑戦は今世紀中続くだろうと言っているのです。教科書ですから、若者に対して挑戦し甲斐があるだろうと言っていますが、溜息も聞こえてきます。細胞についての実感がこうなのです。ましてや人間や人間が作る社会の複雑さを単純なかたちで説明できるかのように言うのは、間違っています。科学技術ですべてが解決するなどとは言わずに、「生命」に向き合う方がよい選択でしょう。

『自己創出する生命』と『生命誌の扉をひらく』という著書で、生命誌の方向をつかんで以来、『細胞の分子生物学』を基本とする研究を通して、生命の面白さを感じ取りながら仕事をしてきました。そして、生命現象の理解が、なかなか整理されず、より複雑になっていくことを実感してきました。仕事を進めるにつれて整理が難しくなってくるのは、私の能力不足とばかりは言えないのが現状です。生命誌研究館を始めて十年、以前より明快になるはずでしたが、残念ながらそうはなりませんでした。けれども今この時点で思うことを一度まとめておきたいと思ったのです。動いている状態を意識して、各章のタイトルは動詞にしました。〝生きる〟〝変わる〟〝重ねる〟〝考える〟〝耐える〟〝愛づる〟〝語る〟。生命誌を始めたときは、「生きる」はもちろんですが、「つながる」「関わる」を基本に考えました。今もこの大切さは変わりませんが、少しずつ新しい動詞が浮かび上がってきます。いずれも今、私の中で動いている事柄ばかりです。これらをまとめて、次の方向を明確にするには、本文にあげさせていただいた多くの方たちのお考えや、扱われている分野（哲学、思想、宗教、歴史、医学、脳科学、心理学、複雑系科学などそれぞれが深く広いのです）をさらに学び、考えることが必要です。皆さまの研究の中から「生命誌」と重なるところを勝手に取り上げましたことをお許しいただき、これからもお教えを乞いたいと思います。ゲノムの解析が進められたことで、生命とは何か、人間とは何かという問いへの答に近づくかと思いきや、複雑さの海に投げ込まれてしまいました。研究内容だけでなく、研究のあり方まで複雑になっています。しかし、何か面白いところにいる感じはしています。どこまで進めるかわかりませんが、楽しいこと面白いことを探す旅を続けて、十五年ほど前に、「生命誌研究館」という言葉を探し出したときのような体験を求めていきます。

まだ、確かなまとまりがないので、勝手な思い込みや間違いも少なくないと思います。御教示をいただけたらとてもありがたく思います。

この時点で本の形にできたのは、集英社の鯉沼広行さん、綜合社の三好秀英さんの御助力あってのことです。心からお礼を申し上げます。

二〇〇四年九月

カルロス・クライバー指揮の「田園交響曲」が送り込んでくれる爽やかさで暑さをしのぎながら

中村桂子

主要参考文献

市川浩『〈身〉の構造』講談社学術文庫、一九九三年
大森荘蔵『知の構築とその呪縛』ちくま学芸文庫、一九九四年
金子邦彦『生命とは何か』東京大学出版会、二〇〇三年
川端康成「堤中納言物語」『川端康成全集』第三十二巻、新潮社、一九八二年
北山修・黒木俊秀編著『語り・物語・精神療法』日本評論社、二〇〇四年
是枝裕和「複雑な世界を複雑なまま表現するために」『テレビマンユニオンニュース』第五百七十六号、テレビマンユニオン、二〇〇四年
坂部恵『かたり』弘文堂、一九九〇年
塩野七生『ルネサンスとは何であったのか』新潮社、二〇〇一年
『新潮日本古典集成　堤中納言物語』塚原鉄雄校注、新潮社、一九八三年
辻井喬『伝統の創造力』岩波新書、二〇〇一年
鶴見和子・佐佐木幸綱『鶴見和子・対話まんだら「われ」の発見』藤原書店、二〇〇二年
中沢新一『対称性人類学　カイエ・ソバージュv』講談社選書メチエ、二〇〇四年
中村桂子『生命誌の扉をひらく』哲学書房、一九九〇年
中村桂子『自己創出する生命』哲学書房、一九九三年
中村桂子『科学技術時代の子どもたち』岩波書店、一九九七年
中村桂子『生命誌の世界』NHKライブラリー、二〇〇〇年
中村桂子編『生命誌2003　愛づるの話。』JT生命誌研究館／新曜社、二〇〇四年

夏目漱石『夢十夜・草枕』集英社文庫、一九九二年
野家啓一『物語の哲学』岩波書店、一九九六年
松原謙一・中村桂子『生命のストラテジー』ハヤカワ文庫、一九九六年
美智子『橋をかける』すえもりブックス、一九九八年
宮崎駿『風の谷のナウシカ』アニメージュコミックスワイド判、徳間書店、一九八七年
茂木健一郎『意識とはなにか』ちくま新書、二〇〇三年
茂木健一郎『脳内現象』NHKブックス、二〇〇四年
山崎正和「現代の倫理と倫理的感受性について」『アステイオン』第六十号、国際知的交流委員会（CIC）日本委員会／阪急コミュニケーションズ、二〇〇四年
若松良樹『センの正義論』勁草書房、二〇〇三年
「生命科学知識研究」JST異分野研究者交流促進事業領域探索プログラム報告書、二〇〇〇年
科学技術基本法「第二期科学技術基本計画」二〇〇〇年
ブルース・アルバーツ他『細胞の分子生物学　第三版』中村桂子・藤山秋佐夫・松原謙一監訳、教育社／ニュートンプレス、一九九五年
レイチェル・カーソン『沈黙の春』青樹簗一訳、新潮文庫、一九七四年
ジェイムズ・グリック『カオス』大貫昌子訳、新潮文庫、一九九一年
フランソワ・ジャコブ『ハエ、マウス、ヒト』原章二訳、みすず書房、二〇〇〇年
サイモン・シン『暗号解読』青木薫訳、新潮社、二〇〇一年
クリフォード・ストール『コンピュータが子供たちをダメにする』倉骨彰訳、草思社、二〇〇一年

アマルティア・セン『貧困の克服』大石りら訳、集英社新書、二〇〇二年
チャールズ・ダーウィン『種の起原　上・中・下』八杉龍一訳、岩波文庫、一九六三～七一年
チャールズ・ダーウィン『人間の進化と性淘汰Ⅰ、Ⅱ』ダーウィン著作集１、２、長谷川眞理子訳、文一総合出版、一九九九、二〇〇〇年
ダニエル・デネット『心はどこにあるのか』土屋俊訳、草思社、一九九七年
リチャード・ドーキンス『利己的な遺伝子』日高敏隆他訳、紀伊國屋書店、一九九一年
ヴェルナー・ハイゼンベルク『部分と全体』山崎和夫訳、みすず書房、一九七四年
エドムント・フッサール『ヨーロッパ諸学の危機と超越論的現象学』細谷恒夫・木田元訳、中公文庫、一九九五年
マイケル・フレイン『コペンハーゲン』小田島恒志訳、劇書房、二〇〇一年
Bruce Alberts, Alexander Johnson, Julian Lewis, Martin Raff, Keith Roberts, Peter Walter, *Molecular Biology of the Cell*, Fourth Edition, Garland Science Publishing, 2002
Pope John Paul Ⅱ,“Message to Pontifical Academy of Sciences on Evolution”,*origins*,vol.26:No.22, CNS documentary service, 1996

生命誌研究館ホームページ
http://www.brh.co.jp/

集英社新書ホームページ
http://shinsho.shueisha.co.jp/

編集協力　綜合社

中村桂子（なかむら　けいこ）

一九三六年東京生まれ。東京大学理学部化学科卒業後、同大学院生物化学科修了。三菱化成生命科学研究所、早稲田大学教授等を経て、ＪＴ生命誌研究館館長。『生命科学から生命誌へ』『生命誌の扉をひらく』『自己創出する生命』『「生きもの」感覚で生きる』等の多くの著書のほか、マット・リドレー『やわらかな遺伝子』（共訳）等、多数の訳著がある。

集英社新書〇二七〇G

ゲノムが語《かた》る生命《せいめい》

二〇〇四年一一月二二日　第一刷発行
二〇一四年　四　月二六日　第三刷発行

著者……中村桂子《なかむらけいこ》
発行者……加藤　潤
発行所……株式会社集英社
東京都千代田区一ツ橋二－五－一〇　郵便番号一〇一－八〇五〇
電話　〇三－三二三〇－六三九一（編集部）
〇三－三二三〇－六三九三（販売部）
〇三－三二三〇－六〇八〇（読者係）

装幀……原　研哉
印刷所……凸版印刷株式会社
製本所……加藤製本株式会社

定価はカバーに表示してあります。

ISBN 978-4-08-720270-0 C0245　Printed in Japan

生き物をめぐる4つの「なぜ」

長谷川眞理子

発光生物は何のために光るのか。雄と雌はなぜあるのか。角や牙はどう進化したのか……。生物の不思議な特徴について、オランダの動物行動学者ニコ・ティンバーゲンは、4つの「なぜ」に答えなければならないと考えた。それがどのような仕組みで（至近要因）、どんな機能をもっていて（究極要因）、生物の成長に従いどう獲得され（発達要因）、どんな進化を経てきたのか（系統進化要因）である。本書は、これら4つの要因から、さまざまな生物の不思議な特徴を読み解いていく。知的好奇心あふれる動物行動学入門。

物理学と神

池内了

神はサイコロ遊びをしないとアインシュタインは述べた。量子論の創始者ハイゼンベルグは、サイコロ遊びが好きな神を受け入れればよいと反論した。近代科学は自然を研究することを、神の意図を理解し、神の存在証明をするための作業と考えてきたが、時代を重ねるにつれ、皮肉にも神の不在を導き出すことになっていく。神の御技と思われていた現象が、物質の運動で説明可能となったのだ。しかし、決定論でありながら結果が予測できないカオスなど、その後も神は姿を変えて復活と消滅を繰り返している。神の姿の変容という新しい切り口から、自然観・宇宙像の現在までの変遷をたどる、刺激的でわかりやすい物理学入門。

いちばん大事なこと―養老教授の環境論

養老孟司

環境問題の難しさは、まず何が問題なのか、きちんと説明するのが難しいことにある。しかし、その重大性は、戦争、経済などとも比較にならない。百年後まで人類がまともに生き延びられるかどうかは、この問題への取り組みにかかっているとさえいえる。環境問題は、最大の政治問題なのである。本書は、環境省「二一世紀『環の国』づくり会議」の委員を務め、大の虫好きでもある著者による初めての本格的な環境論であり、自然という複雑なシステムとの上手な付き合い方を縦横に論じていく。

星と生き物たちの宇宙―電波天文学／宇宙生物学の世界

平林久／黒谷明美

電波天文学と宇宙生物学という、宇宙科学で最も興味深い分野で活躍する学者が語り合う。世界初の電波天文衛星「はるか」と各国の電波望遠鏡を結び、地球よりも大きな超巨大電波望遠鏡をつくるVSOP計画。旧ソ連・ミールやスペースシャトルにおける、宇宙生物学実験の迫真のドキュメント。ブラックホールや地球外生命体の探査、ゾウリムシの不思議、衛星と生き物の共通点等、縦横無尽に語る。科学者は何を目指しているのか？　科学と人類社会の関わりは？　温かい眼差しで、科学の深さ・面白さをとらえていく。

寺田寅彦は忘れた頃にやって来る

松本哉

寺田寅彦は実験物理学者にして文筆家。「天災は忘れた頃にやって来る」という格言を吐き、一方で多数の科学エッセイを書いて大衆の心をつかんだ。茶わんの湯、トンビと油揚、金米糖といった身近な話題を通して、自然界のぞっとするような奥深さを見せつけてくれたのである。明治に生まれ、昭和に没したが、その鋭く豊かな着想は永遠のものであり、混迷の二十一世紀にあって、あらためて注目されることを願う。夏目漱石、正岡子規といった文学者との交流も懐かしい。高知、熊本、東京にまたがる生涯と魅力的な人物像を追う。

物理学の世紀―アインシュタインの夢は報われるか

佐藤文隆

我々が享受する様々な科学の恩恵は、その根幹をたどればいつも物理学に到達する。二十世紀物理学の驚異的な発展は、人類社会に絶大な影響を与えてきた。アインシュタインの相対論は時間と空間の概念を一変させ、ミクロな世界での現象を追究する量子力学は、物質とエネルギーの理解に新たな地平を拓いた。物理学は、二十世紀にまさに知の王者として君臨し、諸々の分野の進展をも促し続けてきたのである。本書はその物理学の歴史を、次々と浮上し続けた課題の連鎖を通して、第一人者が概観する。そして、依然つきることのない疑問の数々が、科学が未だ終焉しないことを物語ってゆく。

a pilot of wisdom

集英社新書　好評既刊

「闇学」入門
中野 純　0723-B

昼夜が失われた現代こそ闇の文化を取り戻し五感を再生すべきだ。闇をフィールドワークする著者の渾身作。

宇宙論と神
池内 了　0724-G

近年提唱されたインフレーション宇宙などの最先端の宇宙論を、数式をいっさい使わずに解説した一冊。

一神教と国家 イスラーム、キリスト教、ユダヤ教
内田 樹／中田 考　0725-C

イスラーム、キリスト教、ユダヤ教。日本人にはなじみが薄い「一神教」の思考に迫るスリリングな対談。

100年後の人々へ
小出裕章　0726-B

反原発のシンボル的な科学者が、3・11後の日本を人類史的な視点から総括。未来へのメッセージを語る。

伝える極意
長井鞠子　0727-C

通訳の第一人者として五〇年にわたり活躍する著者が、言語を超えたコミュニケーションの法則を紹介する。

ONE PIECE STRONG WORDS 2〈ヴィジュアル版〉
尾田栄一郎／解説・内田 樹　032-V

前作に続き『ONE PIECE』の最後の海〝新世界〟編のうち「魚人島編」「パンクハザード編」の名言を収録。

それでも僕は前を向く
大橋巨泉　0729-C

八〇年の人生を振り返り、現代の悩める日本人に後悔せず生き抜くための「人生のスタンダード」を明かす。

ゴッホのひまわり 全点謎解きの旅〈ノンフィクション〉
朽木ゆり子　0730-N

ゴッホの作品中で最も評価の高い「ひまわり」。世界に散る全十一枚の「ひまわり」にまつわる謎を読み解く！

リニア新幹線 巨大プロジェクトの「真実」
橋山禮治郎　0731-B

リニア新幹線は本当に夢の超特急なのか？　経済性、技術面、環境面、安全面など、計画の全容を徹底検証。

資本主義の終焉と歴史の危機
水野和夫　0732-A

金利ゼロ＝利潤率ゼロ＝資本主義の死。五百年ぶりの歴史的大転換期に日本経済が取るべき道を提言する！